中國製造

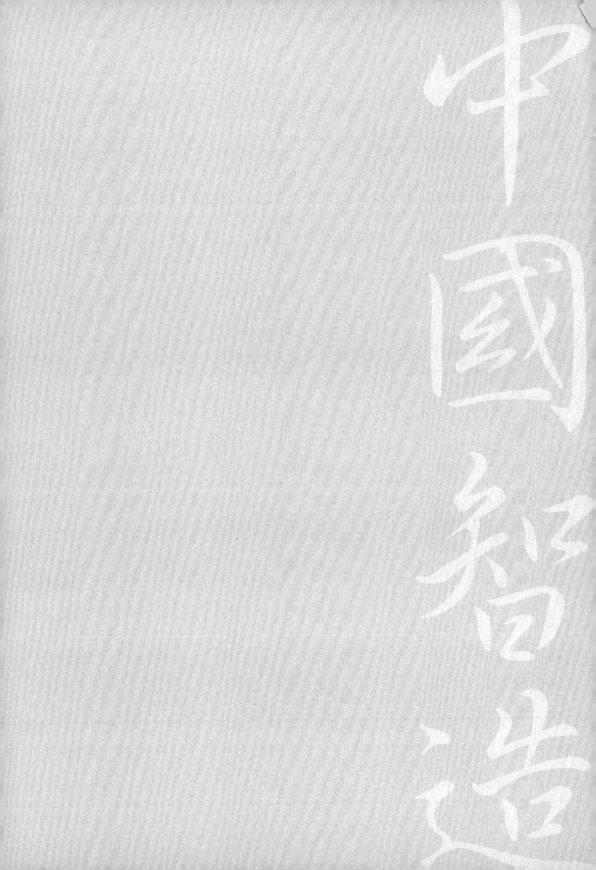

中國智造

Classic 文庫
016

中國智造

共青團中央網路影視中心 中國青年網◎編著

CONTENTS

1. 熊　華：為導彈設計「最強大腦」 010

2. 梁　煜：心繫中國造，不棄航空夢 014

3. 中國商飛ARJ21專案部：致那些年我們追逐的飛機夢 022

4. 王鵬鵬：將「嚴慎細實」融入職業秉性 028

5. 劉立東：埋首鑄箭甘奉獻，抬頭不知幾春秋 034

6. 于　磊：仰望星空，逐夢而行 044

7. 高雨楠：航空報國書寫出彩青春 052

8. 馬立冉：毫米之間打磨國之重器 058

9. 華創海外班組：入地生花，我在世界鋪「中國管道」 062

10. 秦　川：戰鬥在傳染病一線，奔波在科普工作前沿 068

11. 顏　寧：享受科學的純粹與永生 074

12. 王紅陽：遠離名利與平庸，做有溫度的學者 082

13. 王　珣：打造中國汽車原創設計的國家名片 090

14. 趙　郁：用高度專注和完美主義闡述「工匠精神」 096

15. 楊祉剛：我有創新技能，焊接「汽車強國」 102

16. 劉　屹：堅守夢想，做對社會有意義的企業 108

17. 王　輝：半世紀守望麥田，耕耘「育種夢」 114

18. 張學記：科學無國界，但科學家有祖國 120

19. 李　贊：在通信研究的路上砥礪前行 126

目　錄

20. 王中林：「奈米飛人」千里走單騎 134

21. 鍾章隊：開闢通信新領域，擔當物聯時代先鋒 140

22. 寶蘭高鐵建設者：十年圓夢鋼鐵絲路 146

23. 劉　波：維護動車安全是崇高的事業 156

24. 萬　劍：我在吉隆坡建東方隧道 162

25. 鄭新龍：把海洋輸電科研之脈，強中國電網發展之基 166

26. 張文森：駐守孤島，用汗水鑄就世紀工程 174

27. 尹　玉：鑄造國之重器，讓中國雷達穩站世界第一梯隊 182

28. 王寶和：「不走尋常路」，與「安穩」唱反調 188

29. 胡明春：「軍工代表」造三軍之眼 196

30. 宋子奎：妙手為衣換新顏，鑄就綠色環保夢 202

31. 劉若鵬：「隱形衣」背後的中國夢 208

32. 郭　凱：盡力之後，還得盡心 214

33. 劉自鴻：矢志科技創新，創業成就夢想 220

34. 黃　怡：機器人是改變未來的力量 228

熊　華

為導彈設計「最強大腦」

1. 熊　華：為導彈設計「最強大腦」

熊華是為導彈設計「最強大腦」的航太人。

他所在的中國航太科工二院二部某研究室，承擔了我國多項防禦導彈控制系統設計與試驗任務，創造了我國眾多導彈武器的第一。

制導控制系統是導彈的神經中樞，也被稱作導彈的「最強大腦」。熊華的工作是通過成千上萬次的彈道分析，計算出導彈的飛行精度，從而為其尋求一條成功擊中目標且每次彈無虛發的最優路徑。

能找對路很不容易，半實物模擬試驗是行之有效的方法。

「半實物模擬試驗，會在地面試驗和飛行試驗中間取一個折中狀態，通過對試驗結果的讀數分析，把儀器、設計、軟體中能夠驗證到的風險全部排除。」熊華介紹，航太飛行的成本很高，意義重大，一次飛行失敗背後是大家多年的心血付之東流。「正因如此，我們希望在導彈上天之前，通過半實物模擬試驗降低失敗風險，起碼不要將地面上我們能夠控制的風險帶到天上去。」

熊華稱自己為「讀數人」。一般來講，一個導彈型號的定型需要做成百上千次的試驗，每次數據的結果都會以橫豎軸的形式顯示在電腦中，科研人員需對上千條數據逐個進行不留缺漏的分析。哪怕每次試驗結果的數據是好的，也必須從頭再來。

在這期間，熊華練就了一雙「鷹眼」，能在眼花繚亂的曲線和數據中一眼甄別出微小的數據誤差，從結果中去尋找改進、創新制導控制系統的蛛絲馬跡，不斷提升導彈性能以規避風險。

例如，有一次熊華突然發現雷達傳送到「大腦」控制系統的數據有偏差，他為系統做了某些改進，將雷達看到的不準確的數據遮罩掉，儘量留下清楚的數據。通過這項技術，熊華將導彈攔截精度提高了20%。按照雷達指示目標，千里之外穿針引線，這是導彈飛行的終

極目標。但是如果控制系統的信息交互控制出現時序錯亂，彈道攔截精度不僅會下降，還會導致導彈在沒有與目標交會之前，直接解體成為一枚廢彈。這樣微乎其微的隱性問題，熊華是在一次改進試驗中發現的。雖然和平時的試驗內容大致相同，但是熊華還是仔細地把上千條彈道的數據從頭到尾篩了一遍，這才發現其中有一條彈道出現時序錯亂問題，避免了飛行試驗風險。

熊華鍾愛一種藍，叫「科工藍」。這件只有進場試驗才有機會穿的天藍色T恤，陪他走過沙漠戈壁，征戰草原大海。

每年，熊華與團隊成員都會到祖國人跡罕至的地方開展進場試驗，一年去兩三次，一去至少兩三個月。前幾年，他與妻子剛剛結婚二十天，就開拔進駐試驗場，原本說好一個月即歸，誰想到因為場地條件受限，試驗整整進行了三個月。其間，岳母打電話開玩笑追問，「你還回來嗎？」他竟無言以對。

熊華和所有航太人一樣，對「科工藍」有著很深的眷戀，「它是中國航太專業的代表，是中國航太技術的象徵。」熊華說，偌大的試驗場只要瞟到一抹藍，那肯定就是「標標正正」的航太科工人，沒錯了！

正是有著對航太的熱愛與自豪，熊華才在型號科研生產工作中有著極大的熱情和擔當。

記得那一年，正值某任務關鍵階段，工作量巨大，熊華勇挑重擔、獨當一面，用極其認真的工作態度細緻地覆核每一個設計參數，對多種不同類型和特性的目標進行全空域數學模擬和半實物模擬驗證，以確保飛行試驗的成功。還有一次，使用者提出了對某控制系統能力提升研製的要求，為實現控制系統設計改進的正確性與合理性，作為團隊負責人的熊華帶領設計師們迎難而上，以極強的責任心細緻地對每一項設計改進反復斟酌，對每一個技術細節反復討論，對改進後的控制系統模型進行反復確認，極力避免設計「盲區」。

在整個設計改進過程中，控制系統模型進行了多輪更改，進行的計算和模擬驗證不計其數。在驗證階段，有近百種模式和狀態等待驗

熊華（右二）帶領團隊成員在高校作學術交流

證，熊華每天上午八點半準時到達實驗室，一邊開展試驗、一邊進行數據分析，發現問題及時進行討論解決，這樣的狀態會一直持續到深夜，每天的午飯和晚飯都是靠盒飯匆匆解決，吃完飯又立馬投入緊張的工作當中。

「幹驚天動地事，做隱姓埋名人。」熊華時刻秉承航太精神，成為了中國航太科工二院二部某研究室最年輕的主任設計師。

梁　煜

心繫中國造，不棄航空夢

2. 梁　煜：心繫中國造，不棄航空夢

　　將童年夢想放飛藍天，他不忘初心；從北航人華麗變身航空人，他腳踏實地；用紮實學歷加固國家硬實力，他砥礪前行……

　　從二〇〇〇年進入北京航空航太大學，到二〇一一年領取博士學位，他與飛行器設計專業牽手十年，是當之無愧的「老人」，是名副其實的學霸。

　　他叫梁煜，是中國商飛北研中心氣動設計專業三級專業能力副總師、高級工程師，從事未來民機構型設計與氣動外形優化工作。自二〇一一年進入中國商飛以來，在完成公司主要工作項目的同時，他還以核心成員的身份加入「夢幻工作室」，與另外幾位「八〇後」一起，為「靈雀」——用於演示驗證新一代支線飛機非常規佈局方案氣動特性的先進驗證機項目——得以順利實施而共同努力。

　　五年中，梁煜和同伴們見證「靈雀」專案的啟動，專注「靈雀」驗證機的研發，探索「靈雀」驗證結果帶給未來民機的實在紅利。

　　「這種飛機是不是比現役飛機有更高的效率，是指是不是更省油，以後（老百姓）買票是不是便宜些。」如梁煜所說，「靈雀」驗證機，不僅承載著這群八〇後青年航空人的創新航空夢，更寄託著他們用自己所學，造福百姓，夯實國力的航空夢想。

兒時一幅畫，巧結航空緣

　　「小時候我爸買了一本航空方面的科普書籍，裡面有一架飛機，是協和式中程超音速客機，一個非常漂亮的飛機，我覺得這是作為人類科技方面的代表，是體現人類智慧最直接的方式。」梁煜說。

　　正如很多人在童年時期都有過或大或小的夢想，梁煜似乎是少數

「靈雀」驗證機

讓兒時夢想成真的「幸運兒」，因為他很清楚，自他看見那幅令他「震撼」的飛機圖開始，一顆孕育著航空夢的種子就在他年幼的心裡萌芽。

「後來上高中，因為學校是封閉式管理，很少能出校門，我爸就每個月給我送一本航空方面的書籍，當時我覺得在學校裡讀到航空方面的書就是最開心的事。」青春期的梁煜，不再只為一張酷炫的飛機圖著迷，隨著知識的積累，他對航空航太有了更為理性深入的認知。

此後，填報北京航空航太大學，選擇飛行器設計專業，梁煜離實現航空夢更近了。然而，如果一切就這麼順理成章，似乎有些低估了航空航太領域的難度係數。

談及初入北航的感受，梁煜坦言：「高中的時候，老師說上大學你們就輕鬆了，後來才知道上了大學課業依舊很重，而且大家都很勤奮。」梁煜說，通常到晚上十點、十一點自習室依舊有許多伏案的身影，而在他途經的逸夫科技館內，教授、導師們也經常工作到深夜。

濃厚的學習氛圍，是梁煜對大學的第一個印象，而他迅速適應、融入「學霸大軍」的意識和能力，也為他日後獲得碩博連讀的機會奠

定了基礎。

對於母校的記憶，梁煜表示，他很感謝參加學生社團的經歷，這讓他收穫了更多啓迪思維、體驗實戰的機會。

「北航有個特點，社團特別多，號稱『百團大戰』，一百個社團，包括人文、科技、軍事等各種領域的學生社團。我當時參加了航模協會，主要是航空模型的製作，我們自己關於新的飛機的想法幾乎都可以在協會裡得以實現。」梁煜說，很慶倖遇到了一批對航空領域感興趣且有熱情的同伴。

然而，不論是求學還是工作，支撐梁煜堅守航空夢的一個重要動力，是恩師。「有一個教我們宇航概論的老師，是我見過的第一個懷揣著航空航太理想的老師。我以爲他會給我們講很多專業知識，但他講授的更多是與航空航太相關的人類發展史，以及對這個行業的認知和態度。」

梁煜說：「很多專業老師，尤其是我的班主任，在講授專業知識的同時，會講很多人文思想方面的內容，對我觸動很大。」他表示，相比專業知識理論的學習，對航空事業執著的理想、冒險的精神和似火的熱情，同樣是恩師們給予他的寶貴財富，他至今仍銘記在心。

十年北航路，一生航空人

「一開始的目標沒有這麼遠大，一直努力學習專業課，只是希望能將所學的專業知識運用到將來的實際工作中，做飛機設計、研究等相關工作。這是最初的想法，而後來讀研讀博，最直接的驅動力就是學更多的知識。」梁煜說。

回憶在北航的十年，「研究生期間培養的是專業的態度和做研究的精神」他介紹，「從研究生期間就有這樣的鍛煉，把握研究的關鍵所在，轉變爲可實施的、可一步步往前推進的過程。這是在高校中學到的本領」。

十年求學生涯稍縱即逝，在爲學生時代畫上句號的同時，眞正走

上航空事業的新篇章也隨即展開。

走上工作崗位的梁煜，為自己設計了一句座右銘：「做有意義的事業，做實在的人。」

「造大飛機，首先是老百姓的切實需求，更加快捷、高效、環保的需求。而針對老百姓出行的需求，我們要做的就是結合自身的專業特長，以及大家協同合作，共同推出一個產品，使得老百姓能坐上中國自己製造的大飛機。」梁煜對於「有意義的事業」的詮釋，是一方面滿足百姓需求，另一方面打造中國品牌。

「我們也在努力將國際上的先進技術，運用到後續研發的國產大飛機的產品上，希望有一天能製造出擁有國際先進技術水準的、中國自主製造的大飛機，讓老百姓享受最快捷的旅行方式，更愉快的出行體驗。」梁煜說道。

梁煜介紹，初到工作崗位，他最大的體會就是團隊合作的形式更加顯著。「高校裡最多是兩三個人做一個項目，博士時期更多的是一個人自己去研究一個項目，工作更多的是項目牽引，大專案下面可能有幾十個人一起做，自己只是其中的一個部分，需要協調負責不同部分的同事，共同完成一個目標。」梁煜認為，在這樣合作性極高的工作中，實事求是的交流是工作中的關鍵所在，也是梁煜給自己定下的「做實在的人」的標準。

「對就是對，不對就是不對，技術研究，數據很關鍵，坦誠交流很重要。」在梁煜看來，在大飛機的研發過程中，切忌「差不多」的模糊概念，也只有堅守這份實事求是、精益求精的態度，才能保證研究成果的品質和效果。

從帶領五六人團隊，到領導二十多人的隊伍；從根據公司頂層需求上交設計方案，到讓一份紙面方案變身成實體驗證機；從前期數學建模三維造型，到後期結合試飛不斷改進，梁煜和身邊的航空人一樣，幸運地將所學所得延續到工作中，並執著地將創新精神、工作熱情注入航空事業中。

梁煜（右一）及夢幻工作室部分成員與其自主研發的「靈雀」驗證機

心繫中國造，不棄航空夢

關於夢幻工作室，負責人張弛曾這樣評價：「『夢幻工作室』團隊是一群很純粹，有夢想，像瘋子一樣去逐夢的青年人。」

梁煜對此十分認同，在他看來，他們「瘋子」特質最直接的體現就是「不達目的不甘休」。

「當時張弛拿來一份方案報告問我能不能飛，通過數據分析，我說這個做一些改進可以飛。」梁煜回憶起夢幻工作室「靈雀」專案的誕生，眼裡依舊不失興奮的神色，「後來集結了一群人，朝著這個目標，用業餘時間做成功了，這個東西竟然可以飛起來。」據梁煜介紹，爲了大家共同期待的目標，他曾在一個月內，一邊承擔著公司一些飛機型號論證的事宜，一邊用業餘時間完成了十七個方案。「目的就一個，不達目的誓不甘休。」梁煜說。

作爲八〇後的航空人，梁煜和同行們有幸見證了中國研發的具有

自主智慧財產權的支線飛機AJR21在成都航空公司投入航線運營；中國自主研製的C919大型客機在上海中國商飛公司總裝下線，並完成了一系列的試飛試驗。

梁煜說：「我們這一代幸運的就是，能在一個公司，看到公司裝備製造的成果，轉化成一個產品，並投入運營。這既是值得欣慰的事，也為我們日常工作提供了很大的動力，要努力做好手頭工作，為祖國的大飛機事業貢獻微薄的力量。」

也正是在和梁煜一樣的一群八○後航空人的共同努力下，「靈雀」驗證機專案得以實現，其目的在於研發一款效率高且更具操穩性的民航機。

梁煜介紹，通過嘗試飛機外形的變化，探索出比現役飛機效率更高的未來民機。通俗一些來說，從北京飛廣州，一趟下來飛機可以省油15%。他指出，燃油花費在飛機航行的成本中占了很大的比例，而民航機的飛行頻率通常為「一天飛兩班，一年有三百天在飛」。梁煜表示：「如果每天能省15%的燃油，一年下來對於航空公司來說，是一筆非常可觀的數字；對於老百姓來說，燃油成本降低了，票價也會隨之降低，飛機票也就便宜了。」

此外，「靈雀」驗證機還將探索通過改進飛機的外形來提升飛機的操縱性和穩定性，以及乘客舒適度。「對民航機來說，不應有嚴重的顛簸、俯仰、滾轉和航向偏航等情況，所以如何通過改進新的飛機外形設計的方案，來保障其具有足夠的穩定性，以及飛行員駕駛的飛行品質，要求我們做更多的工作來實現。」

設計、製造大飛機，專業性強，難度係數高，研發過程中的挑戰和困難不言而喻。梁煜坦言，「有些挫折打擊很大」。

但好在和梁煜一樣擁有航空夢的年輕人都有一顆不怕輸、不服輸的心，因為他們始終堅信，其個人理想與祖國命運相連，與人民幸福相依。因此，面對失敗，他們選擇實事求是找問題，腳踏實地尋方法。

夢幻工作室所在的大樓右側牆上，鐫刻著一段習近平總書記的寄

語：「發展大型客機是國家戰略，是一項異常艱巨的長期任務，每走一步都會很艱難。今後幾年是大型客機實現研製成功和商業成功的關鍵時期，時間相當緊迫，任務異常繁重。除了橫下一條心埋頭實幹，別無他法。」

在梁煜看來，總書記的寄語是激勵，更是動力，而堅守在航空事業的崗位，用實幹成就「中國造」的大飛機，是梁煜和同伴們踐行科技強國夢的最好例證。

中國商飛ARJ21專案部

不忘初心，圓夢國產大飛機

3. 中國商飛ARJ21專案部： 致那些年我們追逐的飛機夢

「純中國製造的ARJ21-700飛機今日商業首飛」、「國產支線飛機ARJ21-700投入商業運營」……二○一六年六月二十八日，是ARJ21-700飛機首次載客運營的日子，這是我國首架嚴格按照國際適航規章研製的、具有自主智慧財產權的噴氣式支線客機。讓國產支線飛機翱翔藍天，終於不再是夢，ARJ21-700飛機在真正意義上實現了「中國製造」。

從二○○二年ARJ21-700飛機立項到二○一六年首次載客飛行，已過去十四載。很多人並不知道，令世人震撼、驕傲的ARJ21-700飛機背後有這樣一支年輕的團隊，為中國的民用飛機事業奮鬥了十四年，堅定不移、從未動搖，他們就是中國商飛上海飛機設計研究院ARJ21飛機項目管理部（以下簡稱ARJ21專案部）。

ARJ21專案部作為新支線飛機專案工程管理部門，共有十八名工作人員，其中青年員工十三人，他們是部門的中堅力量，為這款飛機的成功研製付出了艱辛的努力。「精幹高效、能啃硬骨頭」是他們對自己的定位。

取證之路攻堅克難，天上「千根線」穿進地上「一根針」

「二○○二年ARJ21-700飛機立項以來，設計人員從僅有七百餘人到現在兩千餘人；辦公場地從一棟簡易樓到如今一千兩百多畝地的研發中心；民機研製的管理制度從缺失到基本完善；民機研製隊伍建設、制度建設從無到有；型號從單一的ARJ21飛機研製，發展到併行研製C919飛機，支線、幹線同時研製，說明中國民機產業越來越受

ARJ21項目部與TC證合影

到國家的重視……」ARJ21項目部陳興華講述這十六年來的改變，非常感慨。

二○○六年四月，專案從詳細設計轉入全面試製階段；二○○七年十二月二十一日，首架ARJ21-700飛機在上海總裝下線；二○○八年十一月二十八日成功首飛。在陳興華看來，這標誌著國產飛機終於從宏偉藍圖變成了美好現實。

「當飛機開始滑行，從低速到高速，當飛機起落架抬起來那一瞬間，飛機騰空而起，懸到嗓子眼的心突然落地了，我們的飛機飛起來了，當時真的很激動。」ARJ21項目部部長王飛回憶道。

完成首飛後，ARJ21專案依然面臨大量繁瑣的適航驗證工作。二○一四年，是ARJ21項目進入取證（取得中國民用航空局頒發的型號合格證）的關鍵時期，同時也是技術攻關及試驗試飛的瓶頸時期。「ARJ21專案取證工作進入倒計時，涉及專案研製工作的方方面面，

ARJ21專案部部門會議

可謂天上千根線，地上一根針。」王飛說。

如何做到將「千根線」穿進「一根針」？ARJ21專案部成員在王飛的帶領下，抓住適航條款關閉這條主線，把整個取證工作任務進行分解，梳理了四千七百九十八項支線任務，層層落實責任，緊盯任務全程，腳踏實地穿好每一根「線」。

取證前兩天，王飛參加ARJ21-700飛行體驗，「我陪同型號工程師們登上了自己參與研製、為之奮鬥了十年的ARJ21新型渦扇支線飛機，激動啊！興奮啊！我感到無比驕傲和自豪！等明年交付運營，親朋好友們出行就可以放心乘坐了！」這不僅是王飛的心聲，也是ARJ21項目部每一個人的心聲。

ARJ21項目部一直秉承「一切圍繞取證、一切為了取證、一切服務取證」的理念，終於在二〇一四年十二月三十日完成了長達六年的漫長試飛並取得型號合格證，意味著我國首架噴氣式支線客機向著交付運營的目標邁出了堅實一步，並獲得了參與民用航空運輸活動的「入場券」。

交付之行櫛風沐雨，首架飛機順利交付

「伴隨著ARJ21-700的成功，我也從剛進入公司的青澀小夥成爲了一名肩負多項任務的工程師。」劉文風見證著ARJ21-700的成長，同樣ARJ21-700也見證著他的成長。

二〇一五年，ARJ21-700飛機開展航線演示飛行，劉文風組織飛院數百位員工進行登機體驗。「從前期活動策劃，到人員統計，到最後人員登機一系列活動，每一個細節我都認眞考慮。」他說。

盡可能讓更多的人參與體驗，讓普通的設計員乘上自己設計的飛機，是劉文風的願望。「活動結束，聽著從大家口中傳來各種好消息，所有的辛苦都煙消雲散，多年以後，想起這次活動仍然會心潮澎湃。」

每一次重大里程碑前，都是ARJ21專案部最忙的時候，交付前也不例外。

「每天的工作都好像在『戰鬥』，緊張而富有挑戰，雖然辛苦，但看著ARJ21飛機一步一步走向成功，一切的辛苦和付出都是值得的。」ARJ21項目部黃二利說。

二〇一五年十一月二十九日，是ARJ21-700飛機正式交付成都航空公司的日子，標誌著我國走完了噴氣式支線客機設計、試製、試驗、試飛、取證、生產、交付全過程，具備了噴氣式支線客機的研製能力和適航審定能力。

不忘初心繼續前行，打造國產飛機名片

二〇一六年六月二十八日，ARJ21-700飛機實現商業運營，標誌著我國自主研製的首架噴氣式支線客機正式站上民用航空市場的舞臺。這是夢想向現實的美妙轉身，意味著一個新的起點。

關於下一步工作，王飛表示，ARJ21專案部將組織進行全面的設計優化，進一步提高飛機的飛行性能、提高乘坐的舒適性，全面提升

飛機的市場競爭力，並根據客戶的多樣化需求進行系列化發展。

「我們希望ARJ21-700飛機成爲航空公司愛買、飛行員及乘務愛飛、乘客愛坐的飛機。」

「我們希望ARJ21飛機在祖國的藍天上越飛越好，飛向世界各地，爲大家的出行提供安全、便捷和舒適的服務。」

「我們希望國產民機產業能夠引領國家高端裝備製造業的發展，帶動產業鏈上下游共同繁榮，爲國家經濟的轉型升級做出新的更大貢獻。」

「我們要將中國的民機產業做大做強，與國際民機巨頭共同開拓民用航空市場的藍海。」

......

二〇一四年，習近平總書記視察中國商飛公司時表示：「中國飛機製造業走過了一段艱難、坎坷、曲折的歷程，現在是而今邁步從頭越，勢頭很好，開局很好，希望大家鍥而不捨，腳踏實地，我寄厚望於你們。」他叮囑企業負責人：「中國大飛機事業萬里長征走了又一步，我們一定要有自己的大飛機。」

「以習近平總書記的重要講話精神爲動力，讓中國自主研製的飛機成爲彰顯中國裝備製造實力的新名片。」這不只是中國商飛人的信念，也一定是全中國人民對於國產大飛機的期待。

王鵬鵬

中國載人航太的青春封面

4. 王鵬鵬：將「嚴慎細實」融入職業秉性

「朋友圈裡大家都在曬花、曬出遊，要是我的工作不涉密，我一定要曬曬今天我們畫的設計大圖！」一個普通的週末，中國航太科技集團某研究院載人航太總體部主管設計師王鵬鵬又和同事們在工作室裡忙碌了一天。

鋰電池、鋰氟化碳、石墨烯研究⋯⋯誰能想像到這些竟是一個八五後年輕姑娘手機訂閱號裡的關注熱點？二〇一〇年，王鵬鵬自北京航空航太大學精密儀器及機械專業畢業。畢業以來，這個聰慧耿直的山西姑娘一直從事載人飛船設計工作，主管飛船能源系統設計。先後參與了天宮一號，神舟八號、神舟九號、神舟十號等交會對接飛行控制任務。

緊握航太接力棒，「嚴慎細實」確保零缺陷

地球是人類的搖籃，但我們不能只待在搖籃裡。二〇〇三年，電視裡，一群朝氣蓬勃的青年科技人員在「神五」任務大廳執行飛控任務。電視外，十八歲的王鵬鵬埋下「飛天夢」的種子，「特別羨慕他們能從事這麼『高大上』的職業。家裡人也念叨『鵬鵬能坐在這裡就好了』，這對我產生了潛移默化的影響。」後來，作為北航的學子，王鵬鵬經常路過位於知春路的中國空間技術研究院，「想著神舟飛船在這裡誕生，就更加嚮往著有一天我也能參與祖國的航太事業。為國貢獻青春，想想就熱血沸騰！」

「第一次參加交會對接飛控任務對接鎖緊的那一刻，心都要從嗓子裡跳出來了！」在一支平均年齡不滿三十三歲的青年研製隊伍裡，被稱為「神十妹」的王鵬鵬肩負著沉甸甸的責任，「載人航太不同於

2012年，王鵬鵬參加交會對接飛控任務

其他航天器，我們手裡捧著的不僅是國家財產，還有太空人的生命，所以要盡最大努力保障太空人的安全和健康」。在王鵬鵬看來，航太工作者必須在乎任務的成功、在乎太空人的生命，謹慎對待工作中每一件事。

「做我們的工作，必須要理性。」一進中國航太科技集團某研究院載人航太總體部大院，就能看到石頭上「嚴慎細實」四個大字，蒼勁峻逸。王鵬鵬坦言，曾經的一次工作經歷對自己觸動很大：「在一個型號（航天器）的測試中，一個參數出現了正常範圍內的跳變，當時負責技術的領導很重視，並把它作為異常現象。因為面臨型號出廠，時間緊迫，我和同事們參與了兩天一夜的排故，切身體會到什麼叫『零缺陷』。」回想當時的情景，王鵬鵬依然感慨良多：「航太型號任務週期長，系統龐雜，為了零失誤、保成功，會不斷地複查確認，用『十年磨一劍』形容一點都不誇張。」

站在巨人的肩膀上，把目標定在踮起腳尖能夠到的地方

「目標應該定在踮起腳尖能夠到的地方」，王鵬鵬望著身後的全軍科技進步二等獎，目光堅定。「一個型號從研製到試驗、再到在軌任務，整個過程跟下來，對系統的熟悉程度是看好幾年書都學不來的」，對於設計人員來說，參與型號是最快的成長方式。「型號在研製試驗過程中所出的問題、需要協調的事情，都需要我們學習很多知識，向前輩瞭解以往型號的經驗」，用空間站總指揮王翔的話說，參加過型號研製的人，才是「扛過槍」的人。

二○一三年至二○一四年，王鵬鵬的《航天器組合體能量平衡分析系統設計及應用》、《空間太陽能電站高低壓混合供電系統設計》先後在《航天器工程》發表。「除了天天在電腦前寫報告外，我們還會去擺放飛船的大廳工作，抬頭仰望著不斷變綠的進度條和日趨完善

二○一三年交會對接任務神舟十號返回後慶功會

的飛船，心裡覺得特別滿足」。相比於安逸地坐在辦公室面對電腦，王鵬鵬更喜歡去緊張刺激的任務一線，對於執行飛控任務，她用一個詞來形容：「過癮。」

神舟一號實現天地往返重大突破、神舟二號留軌科學試驗、神舟四號突破低溫發射、神舟五號首位太空人進入太空……中國航太人一步一個腳印，不斷在世界航太科技的征程上攀登高峰。「感謝前人為我們奠定了堅實的基礎」，王鵬鵬說，最近在參與王希季院士的課題，「九十多歲的老人家了，還心繫祖國航空事業，我們不僅要學習老一輩年輕時艱苦奮鬥的精神，還要學習他們對祖國的熱愛、對事業的尊敬。」數十年來，幾代航太人艱苦奮鬥，誓圓中華千年飛天夢想，工程研製與建設過程中，發射場上每一次壯麗的騰飛，都凝聚著千百萬人的奮鬥和創造。

成功是快樂的成果，而不是原因

「敢想、敢說、敢幹」──這是王鵬鵬大學期間在聯邦快遞（FedEx）實習時，亞太區負責人對她的評價。走出實驗室，生活中的王鵬鵬涉獵廣泛：科技、閱讀、旅行、美食、健身、音樂都是她的愛好。《別鬧了NASA》、《觀念的水位》、《航天器電源系統設計》等是王鵬鵬常翻看的書籍，「讀書是與自己內心對話的最好方式，能獲得快樂和滿足，也是最好的減壓方式」。王鵬鵬對當代青年寄語，要做讓自己快樂的事情，因為成功應該是快樂的成果，而不應該是快樂的原因。

「我離一個優秀設計師的差距還很大，對系統各個環節的瞭解程度還有欠缺，得在排除故障方面多做努力」。二○一六年一月，王鵬鵬以科技青年代表的身份參加了共青團十七屆五中全會。被推選為年齡最小的常委，她坦言自己做得還不夠：「感受到了團中央對科技和企業青年的重視，我會認真踐行社會主義核心價值觀，繼續做好自己的本職工作，真正起到團中央常委的作用，使這個身份名副其實。」

二〇一三年，王鵬鵬在人民大會堂

　　在千里之外的彩雲之南，王鵬鵬還被留守兒童稱呼為「鵬媽媽」。在團中央「青年之聲」發起的「春暖童心」愛心公益活動中，王鵬鵬積極組織單位的青年科技工作者們認領留守兒童的微心願，還別出心裁地為每一位孩子都送去一封航太明信片。「很認同這樣一句廣告詞，『幫助別人，快樂自己』」，她認為，做公益是一種傳遞快樂的過程。「作為一個愛心氾濫的新媽媽，我覺得全天下的孩子都應該有一個快樂的童年。舉手之勞就能讓孩子綻放明媚笑容，內心的滿足真的不亞於型號成功！」她微笑著說。

　　中華民族是最早產生飛天夢想的偉大民族，從嫦娥奔月的神話到敦煌飛天的壁畫，從火藥火箭的發明到明代萬戶飛天的壯舉，一代又一代的中華兒女，用激情和想像描繪著自己的美好夢想。

　　八年工作，八年成長，王鵬鵬奮力前行的英姿，恰是在國家大力支持下航太領域蓬勃發展的一個縮影。承載著我國重大專項厚望的載人航太工程，也必將在廣闊太空中大展宏圖，帶給世人更多的驚喜。

劉立東

護航「長七」，攬月追星

5. 劉立東：
埋首鑄箭甘奉獻，抬頭不知幾春秋

二〇一七年四月二十日十九時四十一分，在海南文昌發射場，伴隨著巨大的起飛轟鳴聲，長征七號運載火箭（CZ—7，以下簡稱「長七」火箭）載著「天舟一號」貨運飛船奔向了浩淼深邃的太空，這也意味著中國載人航太工程空間實驗室任務的收官之戰取得圓滿成功。

對於中國運載火箭技術研究院運載火箭總體副主任設計師劉立東而言，「長七」火箭發射成功，更是對其九年來參與火箭結構總體設計工作的一種認可和肯定。九年的探索與堅守，在劉立東心裡留下的是滿滿的充實與幸福。

自從二〇〇九年參加工作以來，劉立東一直紮根一線設計崗位，九年埋首鑄箭，完整參與了「長七」火箭從概念設計到首飛成功的所有研製階段，攻克了多項型號研製過程中的關鍵技術。

二〇一三年國防發明專利三項、二〇一四年長征突出貢獻團隊獎、二〇一四年航太一院型號階段成果一等獎、二〇一五年航太一院技術改進獎二等獎……在劉立東身上，諸多榮譽彰顯著其九年來敢於擔當、勇於創新、甘於奉獻、敬業為魂的航太精神，這種航太精神在中國一代代航太人身上傳承了六十年，如今，依然在以劉立東為代表的青年一代航太人身上閃光湧現。

敢於擔當，有志者終可事成

在二〇〇九年年初劉立東剛參加工作時，時隔「長七」火箭方案論證並未多久。懷著求學期間沉澱多年的航太夢，劉立東開始參與「長七」火箭結構總體設計工作，這一「戰」跨越九年，三千多個日

二○一六年10月，在海南文昌發射基地「長五」遙一發射現場，劉立東（右）
與國家技能大師崔蘊

日夜夜，劉立東埋首鑄箭，待到「長七」火箭奔向蒼穹時，終於交出
了一份較爲滿意的答卷。

「長七」火箭，是我國新一代中型運載火箭，具備近地軌道
十三・五噸、七百公里太陽同步軌道五・五噸的運載能力，主要用於
發射近地軌道或太陽同步軌道有效載荷，將承擔載人航太貨運飛船等
發射任務，未來也可以承擔商業航太和國內其他航天器的發射任務。

劉立東介紹說，研發「長七」火箭是基於我國載人航太空間站工
程二期考慮，二期要發射貨運飛船，「長七」火箭就是針對此而配套
的一枚新型火箭。

「『長七』火箭剛立項時曾定名爲長征二號F／H，即長征二號F
換型運載火箭，這也是『長七』火箭的前身，其中『H』就是『換』

的意思。」劉立東解釋說，在立項初期，「長七」火箭就是基於長征二號F火箭更換推進劑和發動機論證開始的。

　　然而，隨著論證方案的逐步深入，「長七」火箭除了箭體直徑和長征二號F火箭保持一致外，其餘系統如箭體結構、發動機、增壓輸送、電氣等設計方案都進行了升級和更新。

　　嚴格而言，「長七」火箭已成了一枚全新的火箭。「以發動機為例，之前的火箭發動機都是常規型號，而『長七』火箭為了滿足更大推力，採用無毒、無污染的液氧煤油發動機，前者要求常溫環境，後者需要低溫環境。」劉立東說。

　　「僅是更換發動機，就涉及捆綁結構、底部熱環境等條件更改，推力大了，傳力結構要更改，捆綁連結需要重新設計，推進劑換了，涉及低溫環境，則要考慮絕熱結構、貯箱內部各種電氣產品的更換和重新設計，考慮密封性、相容性、安全性等等。」劉立東如數家珍般講述著對於一枚新型火箭的設計要求。

　　而「長七」火箭如此全方位的改動和升級，令劉立東和同事們也面臨一系列的問題挑戰和技術難點。

二〇一六年6月，海南文昌發射基地，為備戰「長七」火箭首飛任務，劉立東（右一）與同事奮鬥一整晚後坐在地上休息

因爲負責火箭型號總體設計工作，壓在劉立東肩上的擔子更爲重要。爲了圓滿解決傳統箭體直徑限制下，無法安裝新型液氧煤油發動機的問題，令火箭方案設計工作順利開展下去，入職不到半年的劉立東積極聯合各系統進行技術攻關。

「我當時也是硬著頭皮上，協調相關單位從發動機設計、箭體結構設計，到擺動分析、其他配套產品，逐一開展分析，連續攻堅兩個月，最終基本圓滿解決了總體佈局問題。」劉立東坦言，發動機問題是他入職半年所遇到的第一大挑戰，兩個月的持續攻堅，證明了總體方案和設計思路的正確，也令劉立東獲得了三項國防發明專利，爲「長七」火箭的順利研製奠定了基礎。

初次挑戰給劉立東留下深刻印象，也令他深深意識到航太是一個大系統概念，需要各個單位系統集智聯合、統一協調，而劉立東作爲總體設計人員，更需要在其中扮演好平衡者和溝通者的角色，保證總體方案的順利進行。

勇於創新，從「0」到「1」沒有不可能

九年兢兢業業鑄箭，三千多個日日夜夜，劉立東負責和參與「長七」火箭研製過程中七十六項地面試驗工作，帶領小團隊完成一千兩百餘份文件編製和曬藍，下發圖紙和模型四十七套，爲「長七」火箭的發射成功作出了突出貢獻。

在「長七」火箭的研製過程中，劉立東敢於創新，提出了我國首個全三維數位化設計火箭的總裝出圖實施方案，打通了火箭三維設計—總裝鏈路，大大提高了研製效率。

對此，劉立東認爲，新一代運載火箭研製完成從二維圖紙時代到三維無圖紙時代的過渡，是科技發展的要求和必然，也是時代賦予的歷史使命。

「應該說，全三維數位化設計火箭，是我們整個數位化設計師團隊的集體智慧，我只是在大的方案基礎上，拿出了具體的執行方案和

措施。」劉立東說，雖然從一開始就存在挑戰，但是全三維數位化設計在提高效率、減少問題、縮短流程、優化傳遞鏈路等方面存在無可比擬的優勢。

一切沒有不可能，但第一個吃螃蟹的人總要「摸著石頭過河」。「過程是比較艱辛的。」在劉立東看來，這項源起於國外軍工行業的設計技術，在國內經驗的積累和應用上一直比較薄弱，並未有成熟的模式經驗可資借鑒。

「在『長七』火箭全面採用之前，也有其他型號應用過，但都還不是真正意義上的全數位化設計和制定。」劉立東認為，全三維數位化設計要真正應用起來，就要面臨制定一套適合火箭研製的流程管理

二○一七年4月，海南文昌發射基地，劉立東（後排左四）所在「長七」火箭總體設計團隊在「長七」遙二發射現場

辦法和標準體系，而這也成為了劉立東必須要攻克的堡壘。

「舉例來說，更改標記如何處理，以前二維圖紙可以在藍圖上留有更改標記，後面的生產人員一看就很清楚直觀。但三維標記更改怎麼辦？這就需要既能滿足現在的使用習慣，又能在新工具、新流程中合理地納入進來。」劉立東在實踐摸索中學會兩條腿走路，既研發技術，又探索標準，最終將一整套流程、制度制定出來，彌補了國內在該領域的空白。

如今，通過幾年的創新探索，無論是頂層設計大綱，還是每個單機模型的驗收，劉立東都提出了詳細的實施方案，並且通過三維總裝設計，成功解決了二級發動機與一級氧箱前底閥門間隙過小等幾十項不協調問題，在打通三維設計和三維總裝鏈路的同時，完成了實現數位火箭的「最後一塊拼圖」。

作為我國首型採用全三維數位化手段設計的火箭，無論在設計、製造階段，還是試驗、裝配階段，「長七」火箭都實現了高效率、高品質、高速度的大幅提升，完成了另一個意義上的更新換代。

而今，由劉立東設計的全三維數位化設計模式和經驗已經相當成熟，並已上升到行業集團級標準，被推廣、普及開來。劉立東說，全三維數位化設計總結起來就是「形成了經驗，建立了流程，減少了問題，鍛煉了隊伍，培養了人才」。

勤於追夢，上天攬月方顯我輩豪情

「探索浩瀚宇宙，發展航太事業，建設航太強國，是我們不懈追求的航太夢。」二〇一六年四月二十四日，在首個「中國航太日」到來之際，習近平總書記曾作出重要指示。

習近平總書記指出：「我國航太事業創造了以『兩彈一星』、載人航太、月球探測為代表的輝煌成就，走出了一條自力更生、自主創新的發展道路，積澱了深厚博大的航太精神。設立『中國航太日』，就是要銘記歷史、傳承精神，激發全民——尤其是青少年崇尚科學、

探索未知、敢於創新的熱情，為實現中華民族偉大復興的中國夢凝聚強大力量。」

四月二十四日，正是四十七年前中國第一顆人造地球衛星「東方紅一號」成功發射的日子。

在劉立東看來，作為一名航太人，設置航太日是令他感到無比自豪和興奮的。「銘記歷史，傳承精神。作為一名基層火箭設計師，無論是傳統的『兩彈一星』精神，還是新時期的載人航太精神，熱愛祖國、無私奉獻、自力更生、艱苦奮鬥，一直是航太精神的核心理念，也是我輩需要傳承和發揚的。」

而在「長七」火箭這一我國航太發展史上具有劃時代意義的首飛任務中，劉立東時刻踐行著敢於擔當、艱苦奮鬥的航太精神。

在二〇一六年六月二十五日首飛任務前，劉立東在進入發射場後發現，由於發動機艙內佈局複雜，前期開展的發動機搖擺試驗中，有個別管路、電纜與最終狀態不一致，雖然經過分析表明不影響搖擺，並且限於靶場的條件限制，要再次開展搖擺試驗，無論是技術保障還是試驗進度都困難重重。而為了不帶隱患上天，劉立東果斷提出並堅持再次補充開展搖擺測試，並在短短兩天時間內，就完成了詳細試驗方案設計和協調，獲得了寶貴的測試機會。

正是源於對工作一絲不苟、精益求精的嚴格和鑽研，九年中，劉立東在完整參與「長七」火箭的研製過程中，一步步攻堅克難、努力攀登、勇於創新，將航太精神內化於心、外化於行，圓滿完成了自己所擔負的任務。

劉立東說，他從一畢業就投入新型火箭研究工作，能夠完整地參與一枚火箭從方案論證到初樣設計，從試驗到首飛等各個階段的完整過程，是非常幸運的，這也是國家和時代為他創造的寶貴歷史機遇，至為難得。

六十年前，我國的航太事業從近乎一窮二白的面貌起步，經過幾代航太人篳路藍縷、艱苦創業的歷程，終獲今天舉世矚目的成就，這也是幾代航太人不斷累積的航太夢。

劉立東說，作為青年一代航太人，他希望畢生能夠參與到運載火箭的研製工作中，「無論是滿足我國的戰略發展需要，還是登陸月球或者登陸火星，我們肯定需要更大推力的火箭，此外，我也希望能夠促進航太事業的商業化發展，提高火箭發射的成功率和可靠性，暢想著有一天能夠搭乘自己設計的火箭遨遊太空。」他說道。

「客觀而言，我國和世界航太強國還存在一定差距，六十年來，我們一直在自力更生，並取得了顯著成就，我希望能夠在我們這一代航太人身上消除與國際先進水準的差距，甚至超越他們，領航全球。」劉立東暢想道。

于 磊

築夢「天舟」，六年磨一劍

6. 于 磊：仰望星空，逐夢而行

二〇一七年四月二十日十九時四十一分，搭載天舟一號貨運飛船的長征七號遙二運載火箭，在我國文昌航太發射場點火發射，約五百九十六秒後，飛船與火箭成功分離，進入預定軌道，發射取得圓滿成功。

此時，在海南文昌航太發射場的總裝測試廠房內，天舟一號電總體主任設計師于磊和他的團隊，正盯著監控頁面上的數據，絲毫不敢鬆懈。

天舟一號發射成功的第二天，于磊便立刻返回北京飛控中心加入二十四小時雙崗輪班。對於他們而言，真正的任務才剛剛開始。四月二十三日，天舟一號與天宮二號成功交會對接。四月二十七日，天舟一號與天宮二號成功完成首次推進劑在軌補加試驗。空間實驗室任務的順利實施，標誌著中國正穩步邁向「空間站時代」。

六年磨一劍，而今試鋒芒。兩千多個日夜的攻堅克難如今歷歷在目。「看見自己親手研製的航天器被送上天，那一刻的心情難以用語言形容。」激動之餘，于磊的內心卻又難得的平靜：「把每一個技術指標、每一個設計方案做到極致，精益求精、腳踏實地，本身就是在踐行航太夢。」在于磊看來。每一個航太人，都將成為一顆螺絲釘，為了中國航太事業的發展逐夢而行。

一個型號的成功，從不只屬於一個人

剛過而立之年的于磊，是中國航太科技集團公司某院貨運飛船系統電總體主任設計師，承擔著天舟一號的電總體設計工作。

他將自己的團隊比喻為電力的「大管家」。從能源系統、信息系

二○一七年四月二十日十九時四十一分，天舟一號順利發射升空

統、軟體頂層設計再到電磁相容性設計，簡單來說，只要與航天器電力相關的方方面面，都是電總體的管轄範疇。

　　被稱為「太空加油」的推進劑在軌補加技術，是「太空快遞小哥」天舟一號的「絕活」之一，也是此次任務的最大亮點。「天舟一號進行了高速信息系統及能源技術等關鍵技術的驗證，將為空間站的建設提供堅實有力的保障。」在于磊看來，天舟一號是一個全新的飛行器平臺，而這種「新」，體現在各個技術細節上。

　　回憶起剛接到天舟一號研製任務時的心情，于磊坦言，自己壓力很大。他深知，天舟一號作為重點型號，時間緊、任務重。「我們要完成方案階段、初樣階段、正樣階段完整週期的研製，工作時間點都是倒排的，而且很多都是開創性的工作，不能出現任何紕漏。」于磊說道。

　　雖然已在航太領域工作十年，于磊卻仍舊覺得自己「經驗不

足」。「當面臨一個複雜系統的時候，要從頂層思路上縷清頭緒、找準需求，不要上來就蠻幹，否則很容易陷入細節中卻達不到預期指標。」老主任設計師劉宏泰的鼓勵和點撥，讓于磊彷彿吃了顆「定心丸」。「這種思維方式的轉變，對於具體工作、帶領團隊和工程實現都大有裨益。」于磊認為，這就是航太人的傳承。「任何一個型號的成功，從不只屬於一個人，必定凝聚著無數人的付出與汗水」。

只要貨船連著電，我們的團隊就一直在

無論是一百伏高壓全分散配電系統和高壓鋰電池的應用，還是貨船「天基」為主的測控體制和內部的乙太網高速信息系統，再到針對載荷單獨規劃出供電、信息流，從強電到弱電，電總體團隊要建立的，是一套套全新的電子和信息系統。

「天舟一號採用的很多技術都是從無到有。」于磊認為，天舟一號研製任務難度最大的就是新技術的驗證。「比如新的供電體制要比之前的傳輸效率提高了至少將近8%，而新的供電體制面臨著供電方案的變化和器件設計的支撐，需要進行大量的突破性實驗工作。」于磊說。

于磊和團隊在發射場總裝測試廠房進行電測

天舟一號發射成功後，電測現場工作人員合影

　　天舟一號正式發射前，需要在文昌發射場進行數據量比對工作，既要將發射場的測試數據與北京同期類型數據進行比對，還要將所有產品的數據與歷史產品數據進行聯合比對。一萬多個測試數據，一萬多條數據曲線，整個團隊連續奮戰了好幾個白天黑夜。

　　天舟一號發射那一刻，每個人心中都充滿底氣，這種底氣來自於平日的每一份精益求精，也來自於整個團隊的齊心協力。「在天舟一號研製隊伍裡面，有一個『給力』的團員先鋒隊，他們的平均年紀不到三十歲，難度越大的工作他們越是衝在前面。」于磊說。

　　由於天舟一號採用了新的供電體制，供電系統方案和設備供電介面都是全新的狀態。幾百台設備，如何去判斷加電狀態？為了在首次加電前徹底放心，團員先鋒隊的王宏佳帶領大家編製了一本一百多頁的測試細則，把整船一萬多個接點的測試評價方法全部涵蓋在內，一幹就是幾個通宵。這樣的加電測試，陸續又做了多次。于磊自豪地說：「從最開始，整船加電就很讓人放心！」

　　團隊副主任設計師李光日負責整船飛行程式的研製，上萬行飛行程式控制著飛船在軌的任何一次動作；總體電路負責人王林濤和李慧軍負責整船電纜網的研製，成千上萬個電纜接點更是飛船的每一根

神經……自二〇一五年十一月初到二〇一七年四月,整船加電超過一千九百小時,平均每天十個多小時背後,是長期連續無休、每天超過十二小時的工作,而這只是電總體工作的一部分。于磊說,只要貨船連著一點電,他的團隊就一定在。

仰望星空,必先腳踏實地

二〇一五年底,于磊的龍鳳胎兒女誕生。陪伴了妻子兩天,于磊就匆匆回到崗位。「結婚時正值天舟一號方案階段,我請了幾天假辦婚禮,到現在還欠我妻子一個蜜月。」說起家人,于磊滿心遺憾。他平時很少與妻子一塊吃飯,「我們的工作是涉密的,我只能告訴她我在加班,不能告訴她我在幹啥」。

上有老、下有小,這是天舟一號研製團隊的年輕人面臨的共同難題。

一邊是剛出生的孩子需要照顧,一邊是進入型號運轉階段工作量增加,即使面對這樣的情況,團隊中負責軟體和系統電磁相容設計的王靜華和孫奔也從無怨言。「大家平時工作忙,下班都很晚,碰到試驗任務和緊急情況,甚至通宵工作,這是我們的工作常態。」在于磊的印象中,自己幾乎沒有休過完整的假期。「我們團隊成員犧牲假期的太多了,習以為常,大家心裡只有一個目標,就是保證型號成功。」于磊說。

仰望星空,必先要腳踏實地。對於于磊而言,這種腳踏實地的充實感,正是從事航太事業的魅力所在。「航太事業就是一個平臺,它對於一個人的思維方式、專業技術和管理能力都是很難得的鍛鍊,更重要的是,它能讓人秉承平常心,將嚴格和細緻融入生活的每個細節中。」于磊自豪地說。

于磊始終覺得,作為一個年輕的航太工作者,自己趕上了好的機遇。「工作十年來,我親眼見證了中國航太事業切切實實的發展,以前不敢想的創新技術、創新指標,現在一個一個的攻克和實現了。」

國家對航太事業的重視，爲年輕人們提供了一個盡情施展才華的廣闊舞臺。新技術的運用加上國家政策的支持，我國的航太事業必將產生更多的創新火花，發展空間大有可爲。

高雨楠

航空技術尖兵，亮劍世界舞臺

7. 高雨楠：航空報國書寫出彩青春

　　高雨楠是航空工業陝西飛機工業（集團）有限公司（以下簡稱「陝飛」）總裝廠裝配技術三級專家，也是總裝廠團總支副書記。

　　出生於航空世家的高雨楠，從小受到父輩航空報國熱情的薰陶，對航空事業十分憧憬和嚮往，畢業後毅然決然地選擇當好祖國偉大航空事業的一枚螺絲釘，在揮灑汗水奮力拼搏中彰顯青春華章。

　　高雨楠大學學習的是電腦專業，然而半路出家的他，在短短兩年多的時間裡成長為「技能大神」，摘得第四十四屆世界技能大賽「製造團隊挑戰賽專案」銅牌，獲得「全國技術能手」、「陝西青年五四獎章」，航空工業「青年崗位能手」，陝西省國防科技工業系統「十大技術能手」、「優秀共青團員」等榮譽稱號，並於二〇一八年當選為共青團十八大代表。

讓五星紅旗飄揚在世界舞臺

　　二〇一五年七月，高雨楠正式加入航空工業陝西飛機工業（集團）有限公司。

　　從一名涉世未深的大學生到初入職場的社會人士，當時的高雨楠跟許多應屆畢業生一樣，還沒有做好充足的心理準備，「再加上從電腦專業轉到機械製造業，此前從未進行過相關專業的系統學習，對飛機研製流程及相關理論知識都不太瞭解，心裡很沒底」，高雨楠說。

　　而周圍的同事都是機械專業出身，這讓高雨楠深感差距和壓力的巨大。幸運的是，航空工業集團公司非常重視青年人才的培養，先後出臺了「龍騰計畫」、「加強和改進青年工作的決定」等一系列制度。「陝飛」在落實集團公司青年人才培養總體要求的同時，更為新

高雨楠在第四十四屆世界技能大賽決賽現場

員工量身訂制了一系列系統專業的培訓方案，在新員工入職之初，便安排了爲期一個月的理論系統培訓及半年的崗位實習培訓，由技術過硬的專業人員對其進行「一對一」的傳幫帶教學。

那段時間，無論師傅做什麼工作，高雨楠都形影不離，他有一個大筆記本，師傅講解的重要知識，他都會記下來並時常拿出來翻閱。

認認眞眞做人，紮紮實實做事，是高雨楠從航空前輩身上學到的可貴品質。「師傅說過一番話，讓我印象特別深刻，他說，『不要覺得一些東西不重要就放棄學習，學到腦子裡的東西才是自己的財富，如果一直等、靠、要，永遠不能把自己拾起來』。」高雨楠說。

二〇一六年三月，高雨楠報名參加第四十四屆世界技能大賽。說起參賽的初衷，他笑著說：「當初參加比賽沒有想過自己能走多遠，它最吸引我的是業內技術骨幹、專家對參賽者關於機械製造專業技能

方面的賽前培訓，我想多學點東西，今後工作肯定會用到。」

每個零件有上百個尺寸、十到二十個特徵，日均六小時以上機械製圖練習，將芝麻大小的貼片器件固定在上百個焊點上，從產品機械結構定型、軟體程式設計、產品設計、整體框架搭建、建立中斷程序與主程序的協調關係到程式優化全部獨立完成……高雨楠必須要付出多倍的努力來應對接二連三的挑戰。

二〇一七年五月，「二進一」選拔賽是關乎他能否代表國家出征的關鍵性比賽，高壓、奮進、夢想、報國……高雨楠告誡自己絕對不能落後，一定要拿到比賽的入場券。經歷一年多的時間，六次選拔，他一路過關斬將，最終如願以償。

二〇一七年十月二十日晚，阿聯酋阿布達比。比賽結果宣佈前，看臺上的高雨楠和隊友如坐針氈，眼睛死死地盯住大螢幕，生怕錯過任何信息。

當鮮豔的五星紅旗閃現在大螢幕上時，高雨楠三人無比激動和自豪，拿起國旗就往領獎臺上衝，繼而抱在一團喜極而泣。

這一刻，這支平均年齡二十二歲的年輕團隊代表的是中國，他們憑藉過硬的技術和團隊協作，讓世界人民對中國航空刮目相看，讓五星紅旗在世界舞臺上光彩飄揚。

腳踏實地走好每一步

高雨楠小時候不懂什麼是航空，只知道父母和姥姥姥爺都能造飛機，很偉大，也很了不起。

「我出生在「陝飛」，成長在「陝飛」，對飛機很感興趣，小時候還跟小夥伴一起用雪糕棍做過木飛機。」在不知不覺中，高雨楠的心中早已悄悄絮下了航空夢想的種子。

和大多數男孩一樣，高雨楠也喜歡「搞破壞」。「拆過遙控器和一些電子產品，拆完重裝，有時候裝不回去，父母也不會罵我，反而會鼓勵並引導我怎麼裝回去。」高雨楠說。

毫無疑問，父母是高雨楠航空路上的引路人，而從父母的身上，他讀懂的是滿腔的航空情懷和報國熱忱，以及精益求精、一絲不苟的工匠精神。

　　在高雨楠的印象中，父母經常加班，但是從未抱怨過，「他們對工作樂此不疲，願意爲了航空事業付出汗水，不求回報地默默奉獻，這種精神十分感染我。而且他們對飛機製造品質追求極致、完美的態度，也非常值得我學習。」高雨楠說。

　　身爲航空人的後代，自入職那天起，高雨楠就深刻地認識到自己肩負著爲航空強國建設貢獻一切的責任和使命。

　　「當看到電視機裡我們親手製造的飛機，在天安門廣場閱兵式上米秒不差地飛過時，在南海執行巡邏任務保衛祖國安全時，那種激動的心情沒法用語言形容，就跟我在現場一樣……」高雨楠激動地說。

　　回憶起那神聖的一幕幕，這位二十多歲的小夥子眼睛泛紅，淚水在眼眶裡打轉，他頓了頓說：「我爲自己是一名航空人而感到驕傲，

高雨楠作為團代表參加中國共產主義青年團第十八次全國代表大全

希望今後能為國防建設、航空強國建設貢獻更多力量。」

「九○後」充滿活力、富有個性，但與父輩比還是相對浮躁。高雨楠認為，新時代的「九○後」航空人踐行工匠精神最重要的一點就是要腳踏實地，即在做好本職工作中學習專業技能，在實踐中磨練自己、打牢基本功。

除了是技術能手，高雨楠還有一個身份——總裝廠團總支副書記。自二○一六年開始走上團幹部崗位，高雨楠有機會和更多同齡人交流溝通，生活也增添了許多不一樣的新體驗和新樂趣。「我們經常組織團員青年開展各類活動，如青年讀書會、紅色觀影，年初的時候我們看了《紅海行動》。」他說。

此外，高雨楠還組織團員青年開展吳大觀志願服務活動，多次前往當地一所貧困小學開展「愛心助學」、「航空科普進校園」活動，資助貧困學生，普及航空知識，教孩子們製作飛機模型，演示航模飛行，培養孩子們的航空熱情。

作為一名基層團幹部，高雨楠在參加完團的十八大後受益匪淺。他表示，團的十八大給了他一個交流的平臺，讓他深感自己責任的重大，今後他將認真貫徹落實好團的十八大精神，更好地服務青年成長、企業發展，為新時代航空強國建設貢獻自己的力量。

馬立冉

航太銑工，打磨國之重器

8. 馬立冉：毫米之間打磨國之重器

馬立冉是中國航太科工二院699廠的一名銑床操作工。

他用銑刀打磨出一件件精密的航太產品，把握毫米之差。他翻爛數控銑工程式設計教材，賦予每個打磨的零件以新生命。

他創新方法破解難題，自帶「橫空出世」的「黑馬」範兒。日復一日的勤學苦練，練就的是「全國技術能手」背後的真功夫。

他能自帶底氣地說出：「我做的導彈零件百分之百可靠。」

賽場黑馬，因為熱愛所以投入

在數控銑工車床上，隨著機身顯示幕上由數字、字母和符號組成的指令不斷跳動，點孔、鑽孔、銑平面……銑床上的零件正在一件件被打磨。

「我們這個工種叫數控銑工，數控銑工就是根據設計的零件圖紙，用數控銑床進行零件加工的技術工人。」馬立冉一邊演示一邊說道，數控銑工主要用於加工複雜曲線曲面輪廓、精度要求高的零件或用普通機床難以加工的零件。

「操作前檢查銑床各部位手柄是否正常，開車時應檢查工件和銑刀相互位置是否恰當，銑床自動走刀時手把與絲扣要脫開……」馬立冉說，想完成一個零件的操作，需要十幾道工序。

每一個需要加工的零件送到馬立冉手中的時候，都是塊狀的金屬，但是經過這些銑工們的程序設計加工，它們就會「變成」符合要求的各種零件。對於馬立冉來說，加工完成零件所帶來的成就感，是做任何事情都無法比擬的。馬立冉說：「這是我的工作，但我更把它當作一種興趣，因為對於職業的熱愛，所以我很投入。」

二〇〇八年入職699廠時，馬立冉的身份是一名普通銑床操作工。對於馬立冉這個新手來說，幹好這份工作並不容易。因為對於精密機器——尤其是高危險性機器的使用，必須遵循技術安全操作規程，養成良好的工作習慣。憑著刻苦鑽研的精神，沒多久，這些操作要領就深深地印在馬立冉的心裡。日積月累，馬立冉的操作本領一天天在增長。

與此同時，這個癡迷於電腦的小夥子，對於數控程式設計有著莫大的興趣。所以，除了日常工作之外，他把業餘時間全都奉獻給了書本，車間裡數控銑工程式設計的教材被他翻爛了好幾本。

二〇一一年，馬立冉報名參加了二院「天劍杯」數控銑工技能大賽。而在此時，他對於數控銑床的實際操作，僅限於在學校裡的簡單實習。經過一個多月的突擊練習，馬立冉走上賽場「現學現比」，榮獲「二院數控銑工技術能手」稱號，成為該屆比賽的一匹「黑馬」。

二〇一二年，由於車間任務需要，馬立冉由普通銑床操作工轉為數控加工中心操作工。在快速掌握數控加工中心操作、完成生產任務的基礎上，馬立冉也在不斷錘煉著數控銑工的「手藝」。這一年，他報名參加了北京市第三屆職業技能大賽，在數控銑工複賽中獲得第二名的優異成績，並且贏得了「海淀區傑出技術能手」的稱號。

二〇一五年，馬立冉在第六屆全國數控大賽中獲得數控銑工組第

中國航太科工二院699
廠銑床操作工馬立冉

三名，並贏得了「全國技術能手」的稱號。就這樣，這匹「黑馬」一步一個臺階，以常人無法企及的速度，攀登到了自己領域的高峰。

好運氣藏在「真功夫」之中

一次比賽的成功可以歸結為運氣，但每次都有好運氣就一定代表著「真功夫」。馬立冉的「功夫」有的很小，有的很巧，但絕對是管用的「真功夫」。

勤於思考的馬立冉用到比賽中的經驗不只這個。在生產中，每個零件由多個加工尺寸組成，為保證這些尺寸的精度及尺寸間相互的關係，故將每個尺寸的基準放到一個加工面上，這樣尺寸精度得以保證且加工方便，這就是所謂的基準統一原則。

據馬立冉回憶，在他參加的二○一五年第六屆全國數控大賽中，加工零件的整體難度比較大，有90%尺寸公差都在0.04mm以內、位置度公差0.02mm以內，而且還存在薄壁、異形等特徵。馬立冉正是活用了「基準統一原則」，將每個尺寸基準重新仔細換算，又快又好地完成了加工。

此外，小的切削深度、環形切削的走刀方式、合理選擇刀具等平時生產中摸索積累的小要領、小竅門，都被馬立冉用在了比賽中，而且收效甚佳。「比賽本來就不是目的，學到經驗和知識，以後幹活更好更快才是最重要的。」馬立冉說，眼下的他正致力於在車間推廣零件粗、精加工刀具分開的加工方法。「首先用一把粗加工刀具將其加工範圍內的加工內容完成，再更換精加工刀具進行精加工。」馬立冉說，這種方法廣泛運用到生產中，能夠有效提高產品合格率，對刀具成本的節約也相當可觀。

對於技能人員來說，「全國技術能手」的稱號代表著榮譽和技術的巔峰，但同時也意味著比賽之路的盡頭。因為按照規定，獲得該稱號的人員，今後不得報名參加曾獲獎的賽事。面對這些榮譽，馬立冉很是淡定：「這些都是過去式，做好手中的活才是最重要的。」

華創海外班組

航太品質，管通天下

9. 華創海外班組：
入地生花，我在世界鋪「中國管道」

　　讓「中國管道」鋪向全世界，作為中國航太科工三院的民品品牌，華創天元公司自二〇〇二年走出國門至今，以優質管道和品質服務贏得了國際客戶的讚譽。

　　海外施工班組十二名管道安裝操作技能工匠，「征戰」亞、非、歐、南美四大洲，為玻利維亞、緬甸、俄羅斯、巴基斯坦、秘魯等四十餘個國家，包括「一帶一路」沿線國家，提供技術支援與服務。從高原到海洋，從戈壁到灘塗……施工班組克服語言溝通障礙、施工標準不同的難題，將國內頂尖鋼骨架塑膠複合管道工藝管安裝技術推廣應用於世界，將中國管道鋪滿全球，將中國品牌遠銷四海。

三進三出菲律賓

　　來華創二十年，張松領從工程服務部一名最普通的管道安裝操作工，成長為海外區域經理。二〇一三年，他隻身前往菲律賓，負責工程技術指導、管道安裝、檢驗試驗等管道售後服務。

　　在我國，鋼骨架塑膠複合管道安裝工藝早已應用成熟。但在東南亞的多個國家，華創管道無論是產品還是技術，都在當地處於最先進水準。每踏上一片新的土地，張松領和班組成員的首要任務，就是對施工隊伍開展現場技術培訓指導，按照高標準的施工工藝要求，從管道安裝開始，細緻講解切割、打磨、封口、焊接等操作工序。

　　語言交流障礙如同隔了一座大山。班組成員的平均外語水準不高，公司開設了系統培訓課程，還自製了英語常用口語、施工專業用語小冊子，張松領和同事們通過自學，儘量克服溝通障礙。英語算是

過了關，但是一些國家習慣用母語交流。為了在施工中準確表達管道性能、壓力、溫度、酸鹼質介質等專業詞彙，班組成員經常手腳並用，配合肢體語言表達意思。

產品運行的最高溫度為80℃，張松領就會先伸出手指表示阿拉伯數字，然後一邊做出向上指的動作，一邊用英語提示「NO！NO！」，意思是超過這個溫度不能再使用，比劃多了，當地工人自然就明白了。

即使講得再詳細，那也是「紙上得來終覺淺，絕知此事要躬行」，有許許多多的細節只能在施工中去發現、更正。

張松領在菲律賓首次完成產品培訓測試後不久，因當地工人未按施工標準作業，導致管道洩漏事故，又被緊急召回。「管道之所以能贏得良好市場口碑，就是因為高精準、高品質的施工技藝，一點都馬虎不得。」張松領反復闡述嚴格施工的重要性，但菲律賓工人還是嫌施工程式繁瑣，在焊接過程中直接省略了管道接頭的打磨處理和鋼骨架開槽封口的操作。

為確保使用安全，張松領給出的建議是將費時兩個月安裝的管道全部拆除，但遭到了菲方質疑，要求廠家考慮成本因素解決問題。雖然不是我方人員造成的過失，但張松領接到回饋後，立即做出多套解

施工班組在沙漠工地施工

決方案，再次回到菲律賓，邊培訓邊指導，幫助菲方挽回損失。

張松領嚴謹敬業的工作態度，受到了菲方的高度肯定與好評，菲方還表示希望他能留下來爲技術工作做督導。

開拔南美新天地

二〇一七年初，秘魯駐華大使曾就習近平總書記提出的「一帶一路」倡議這樣表示：「秘魯正在和其他拉美國家一起開展二十一世紀海上絲綢之路的工作，並試圖把中國和秘魯的港口連接起來。」

二〇一六年，華創就已經成功簽訂秘魯某尾礦專案。九月，張松領和項目組成員趕赴秘魯開工。

剛到秘魯，他們就遇到了一個大難題：甲方技術人員遵從的管道行業標準與國內截然不同，導致預先配送的管材和實際需要的存在諸多差異。

考慮到管材運輸週期長且不便，班組成員來到工地做的第一件事，就是重新根據圖紙核對管材。面對數以千計的管線圖紙，他們白天黑夜連軸轉一個月，困了就趴在圖紙上休息，再加上飲食差異和倒時差的折磨，員工出現水土不服、上吐下瀉的狀況。

秘魯屬於熱帶沙漠氣候，施工地點完全處於荒漠戈壁，終年寸草不生，一天到晚都是太陽的驕橫和狂風的霸道。施工一線沒有一處陰涼，汙土、細沙隨風捲起，拍打在張松領的臉上，沒過幾天，臉上、胳膊上就會褪去一層皮，他和隊友們只能全副武裝。

班組成員早已習慣這樣惡劣的氣候條件。玻利維亞波托西省西部高原的烏尤尼鹽沼，海拔三千七百米，是世界最大的鹽層覆蓋的荒原。與高溫不同，這裡的高原反應是無法躲避的。在這裡，空氣乾燥、嘴唇皸裂；在這裡，打個噴嚏，毛細血管爆裂經常流鼻血；在這裡，快走容易暈倒，慢跑容易窒息；在這裡，氧氣瓶、降壓藥、古柯茶是必不可少的救援措施。

即便這樣，施工班組沒有一個人表現出畏難情緒，「特別能吃

墨模雕刻部分工具

苦，特別能戰鬥，特別能攻關，特別能奉獻」的航太精神在他們身上展現得淋漓盡致。

張松領的南美秘魯之行長達八個月，中間跨了二〇一七年春節。除夕夜，他給家裡打了通拜年電話。「過年好！」這句簡單的問候他說了一遍遍，「也不知道說啥好，欠家裡的實在太多。」他愧疚地說。

秘魯工程順利驗收完畢，當地工人向張松領豎起大拇指，「Your company's production is good，the technology of this pipe is advanced in Peru.（你們的產品真棒，這種管道技術在秘魯處於先進水準）。」那一刻，張松領自豪極了，這不僅是國際友人對中國航太品牌的認可，更是對中國品質的讚譽。

下海蛟龍，入地生花

華創海外施工班組共有十二人，每個人都有難忘的海外經歷。

李永磊在喀麥隆，與當地工人溝通要使用德語、法語、英語三種

語言，交流起來很是頭大。特別是在準備開工第一天，從表情到肢體動作，李永磊明顯感覺到法國業主監理對產品不認可。他急壞了，但是因為語言障礙無法向業主介紹產品的可行性，只能用精湛的施工技術爭取他們的信賴，現場施工焊接給水、排水管道，並進行加壓試驗。試驗一次性通過，法國監理當即為中國的技術工人立起了大拇指。

田清海在南蘇丹，真正體驗到了「炮火連天」。施工地周邊，真槍實彈，坦克在街道上來回穿梭。炮彈打到了離施工地五公里以外的地方，那響聲把田清海著實嚇了一跳。緊急情況下，他被安全撤離到三十多公里外的駐地，當天便乘飛機趕往南蘇丹首都朱巴。此時，緊張的心情才算落地。

馬俊同在巴基斯坦，開玩笑說：「每天都有貼身保鏢隨時護送，幹不好都對不起當地的安保人員。」春節，也是他一個人在巴基斯坦度過的。妻兒打電話過來說在家過年很是冷清，馬俊同心裡萬分內疚。為了確保安全，馬俊同在工作間隙只能待在一個院子中，有些工地沒有網路，連個解悶的方式都沒有。「時間長了，工作就變成了一種煎熬和承受力的考驗，內心壓抑無人訴說。」馬俊同說。

下海成蛟龍，入地滿地花。

華創海外施工班組是「一帶一路」和國際線路上的開拓者，他們將華創管道紮根異國大地的同時，也把中國的品質服務傳遍了世界。

張松領（左一）在秘魯工地指導當地工人施工

秦 川

抗擊「非典」的「女戰士」

10. 秦　川：戰鬥在傳染病一線，奔波在科普工作前沿

在國家需要時挺身而出

二○○三年，一場突如其來的非典疫情襲來，波及我國兩百六十六個縣市（區），嚴重威脅人民群眾的身體健康和生命安全。面對嚴峻的疫情，中國醫學科學院醫學實驗動物研究所所長、北京協和醫學院比較醫學中心主任秦川，主動承擔起抗擊疫情的重任，參與並組織起抗擊非典病毒的疫苗研究團隊。

非典肆虐的日子，原本擁擠熱鬧的街道變得空無一人，時不時地有救護車呼嘯而過，不斷攀升的死亡人數，也逐漸加劇著社會的恐慌程度，縈繞在人們腦中最多的詞彙就是恐懼。然而回憶起那段歲月，秦川的臉上始終掛著淡淡的笑容，她也帶著堅定的神情一再強調：「懂科學的人是不會害怕的。」

「非典的到來讓我們措手不及，但是在經過專業的分析之後，我們就知道怎樣去防護這個傳染病，就不會感到害怕。」那時，SARS疫情防控進入關鍵時刻，國家疫情防控體系緊急啓動，需要解決一系列十分棘手的問題：SARS從哪裡來，果子狸是不是罪魁禍首？疫苗什麼時間可以用？有沒有有效藥，從頭研發藥物是否來得及？

秦川所從事的比較醫學學科，是國家疫情防控體系的支撐條件，也是回答上述問題的關鍵工具。比較醫學是以實驗動物和動物實驗技術為工具，系統比較人類與不同物種動物間疾病的差異，研究構成差異的一門生物學基礎學科，為致病機制和藥物研發提供人類疾病動物模型和分析評價技術。在傳染病研究中，比較醫學技術是開展病原體

溯源、病原傳播力預警、致病機制、疫苗和藥物有效性評價等研究的核心技術，因而秦川所在的研究所承擔起了學科應有的責任。

　　為了盡早研製出動物模型，秦川和同事們夜以繼日地開展工作，每天只睡四個小時，每在實驗室工作四個小時就出來休息二十分鐘，抓緊時間喝水、上廁所之餘，還要在這寶貴的休息時間內反復討論下一步的操作。儘管實驗條件有限，困難重重，秦川和她的同事們還是憑藉著一股視死如歸的精神，成功建立了SARS研究的比較醫學技術體系，完成了SARS的溯源，為果子狸正名；證明了SARS疫苗有效，給疫情防控吃了一粒定心丸；建立了通過動物模型快速篩選系統拓展成藥適應症的方法，並從中成藥中篩選出了對SARS有緩解作用的藥物，解決了疫情來臨時無藥可用的困局，而這一創舉也對其他傳染病的防治有重大的借鑒意義。

知識能克服恐懼

　　在SARS之後，H_5N_1、H_1N_1、H_7N_9等傳染病相繼襲來，秦川也總是戰鬥在疫情一線。而這些經歷讓她明白，知識能克服恐懼，要減少因傳染病帶來的恐慌，需要大力加強科普工作。

　　除了教授、科學家的身份，秦川還是《中國比較醫學雜誌》、《中國實驗動物學報》兩刊的總編。除了在課堂上向學生教授專業的醫學知識，當發現報紙、電視對一些醫學概念的解釋有誤時，秦川也總會在雜誌和書籍中進行更正，以此達到科普的目的。面對社會一些突發事件，秦川能夠從科學的角度給予專業解讀，同時以科普的形式進行宣傳。作為醫學實驗動物研究所的所長，她總是與可愛的小動物打交道，因此她也致力於普及與寵物相關傳染病的防護知識，幫助廣大寵物愛好者更好地維護自己和寵物的健康。

　　作為中國實驗動物學會的理事長，在歷屆中國實驗動物學會科學年會開設的「科普大講堂」上，秦川總是利用這個學術交流的平臺，走進學校、走進醫院開展科普活動。除此之外，秦川也會積極參與中

國女科技工作者協會服務基層的活動，爲邊遠地區帶去科學知識，改善邊遠地區落後的醫學觀念。

秦川說，對於她而言，科普是一份責任，是一種將自己所學分享給更多人的舉動。參與其中，她不僅能幫助他人，還能促進自身對醫學的思考，推動自身的進步。

然而，科普工作的開展仍然任重而道遠。科普是科學家的責任，像秦川一樣的科學家都是以義工的身份，在繁忙的科研工作之餘進行科普的「義舉」。在強大的工作壓力和繁忙的工作下，科學家開展科普的時間與精力並不能保證。秦川說，在互聯網時代，也需探索科普的新方式。而她更希望，普通老百姓能利用網路和書籍瞭解醫學知識，進行「自我科普」。

教書育人比榮譽更重要

秦川的母親是一名醫生，因爲秦川小時候手生得長、生得巧，父

秦川在「動物保護與福利」科普講座上

秦川獲得的部分榮譽證書

親期望她也能成為一名出色的醫生。後來，雖然順利考取了哈爾濱醫科大學，但是畢業後的她並沒有成為醫生，而是投身科研事業，成為中國比較醫學研究領域的學科帶頭人。

對於沒能實現父親的期望，她的內心也曾有過沮喪。對於「非主流」的比較醫學研究領域，秦川起初也並不十分熱愛。然而，隨著對這一領域瞭解的加深，她也愈加熱愛這一行業。「雖然比較醫學的研究偏重應用，在基礎理論科學研究的話題中往往不被提及，但是比較醫學注重解決當下的實際問題，也相當重要。」秦川說。

秦川也因為出色的工作獲得了諸多榮譽。在她辦公室的一個不起眼的角落裡，「全國三八紅旗手」、「衛生部有突出貢獻的中青年專家」、「中華醫學科技獎」、「北京市科學技術獎」……大大小小的證書放滿了一整箱。而對於這些榮譽，她並沒有一絲的驕傲。

對於秦川來說，比獲得榮譽更重要的是在日常的教學中，用自己的專業精神和德行身體力行地影響學生。在與學生的交流中，「不要

急，要踏實」是她的口頭語，她希望自己的學生能夠踏踏實實走好每一步，她更希望整個社會的風氣能不急躁，給優秀人才充分成長的時間和空間。

秦川也總是強調「尊重」這個字眼。「首先，必須尊重醫生。我們將自己的生命交在醫生的手中，如果不尊重醫生，就是不尊重我們自己。我們還要尊重女性。女性往往承擔著更多教育孩子的責任，對下一代的成長有著更大的影響，社會應當尊重女性，前提是完善對女性的社會保障。」秦川說。

顏　寧

書寫國際蛋白質研究領域的科學史

11. 顏　寧：享受科學的純粹與永生

　　不滿三十歲成為清華大學醫學院當時最年輕的教授和博士生導師；三十七歲率領平均年齡不到三十歲的團隊，用六個月攻克膜蛋白研究領域五十年不解的科學難題；二〇一五年獲國際蛋白質學會「青年科學家獎」、「賽克勒國際生物物理獎」。即使在科學領域已頗受矚目，顏寧仍覺得自己進入科學界可謂「機緣巧合」。

　　高中時代的她，喜歡唐詩宋詞、散文小說，更願選擇文科；大學時代的她，加入國標和攝影社團，選修電影，甚至想過做娛記；而如今的她，寫著獨具風格的博客，會約學生唱歌、玩三國殺，追韓劇，把做研究稱為「打怪通關」。「很多時候不過機緣巧合做了一個選擇，選擇本身也許並不那麼重要，更重要的是你做了選擇之後怎麼走。」顏寧說。

　　剛從普林斯頓回到清華組建實驗室不久，同事劉國松教授曾經對顏寧說過做科學家的三個境界：第一重是職業，第二重是興趣，第三重是永生。顏寧覺得自己「有點被震撼」：「從事基礎科研的科學家何嘗不是有這麼點虛榮心呢？神龜雖壽，猶有竟時，你的發現留在歷史上，作為你的一個標誌一直傳下去，確實是某種意義上的永生。」

創造屬於自己的科學史

　　二〇一四年一月十七日晚上十點半，因臨近新年，清華大學校園內，也顯得格外安靜。而此時，結構生物學中心所在的樓層卻依舊燈火通明。

　　兩天前，顏寧研究組終於得到一顆優質的葡萄糖轉運蛋白GLUT1的晶體，晶體由兩位學生用低溫罐裝著，搭高鐵送去上海同

顏寧指導學生做實驗

步輻射實驗室。所有人都在等待高品質的數據傳回。兩年多的集中研究、近半年的全力攻關，眼下，就是最後關口。

伴隨著一陣急促的敲門聲，顏寧辦公室的門被拉開，博士後鄧東站在門外。「出來了？」「出來了！」彷彿心照不宣的喜悅，兩人相視而笑，一起朝實驗室跑去。

這一刻，這個平均年齡不到三十歲的團隊，攻克了膜蛋白研究領域五十年不解的科學難題，在人類治療癌症與糖尿病的征程中邁出關鍵一步。

這一年，正值顏寧回歸母校後，與清華大學的「七年之癢」。

二〇〇七年，受清華生物系老系主任趙南明教授的邀請，本是歸國探親的顏寧決定回到母校任教，建立自己的實驗室。裝實驗台、訂購儀器試劑、手把手教學生做實驗……一切從零開始，實驗室建立的前半年，顏寧直言自己「快瘋掉了」。

然而，實驗室很快步入正軌，從這裡誕生的科研成果，足以讓國內外同行為之驚歎。

顏寧主要致力於研究在基本生理過程中發揮重要作用的膜蛋白的結構與機理，其代表性工作包括葡萄糖轉運蛋白和鈣離子通道。二○一○年，清華大學曾聘請國際評估小組對其生物醫學研究方向進行評估，顏寧給他們留下深刻印象：「未來五年到十年，她將是青年女性科學家中的傑出榜樣。」

自二○○七年獨立領導實驗室以來，顏寧發表學術論文四十二篇，其中十三篇以她本人作為通訊作者的論文發表在《自然》、《科學》、《細胞》等國際頂級學術期刊上，其成果兩次入選《科學》評選的年度十大進展。

「國家越來越重視基礎科學研究，連續多年對基礎科學領域的投入都在大幅增長。」優渥的科研土壤給予顏寧團隊充分的養料。顏寧認為，經濟發展決定中國有多富，而科技發展限定中國有多強：「讓中國的科技實力配得上她的經濟體量，讓中國的科研成果產生世界影響，我想這正是中國科學家對於國家最根本的責任與使命。」

回國數年，顏寧始終堅信，當初的選擇是「完全正確的」。

比起「勤勉」更相信「直覺」

維持生命活動最基本的能量來源葡萄糖如何進入細胞？一個多世紀以來，無數科學家為探索這一生命奧秘而著迷。

親水的葡萄糖溶於水，疏水的細胞膜就像一層油，葡萄糖自身無法穿過細胞膜進入細胞內發揮作用。用顏寧的話說，鑲嵌於細胞膜上的轉運蛋白，如同在細胞膜上開了一扇扇的「門」，將葡萄糖從細胞外轉運到細胞內。而GLUT1就是大腦、神經系統、肌肉等組織器官中最重要的葡萄糖轉運蛋白。

GLUT1與一系列遺傳疾病有關，癌細胞高度依賴的葡萄糖也需要通過GLUT1攝取。「人得病即意味著某種蛋白質出了問題，通過

顏寧從不怕攻堅克難

解析膜蛋白結構，就能明確問題的根源，進而著手研究修復方法，達到治病的目的。」顏寧介紹。

正因膜轉運蛋白的重要意義，自一九八五年GLUT1的基因序列被鑒定出來之後，獲取它的三維結構成為膜蛋白研究領域最受矚目、國際競爭最激烈的課題之一。

「很多人覺得膜蛋白難，可能是最開始就被嚇住了。」轉運蛋白高度動態的內在性質，讓眾多科學家飽嘗失敗的滋味。

顏寧決定反向思維，既然GLUT1是個「人來瘋」，那麼就想辦法「搞殘」它。她發現，要想讓GLUT1結晶，第一是讓它的動態盡可能慢下來，從而截獲其中一個狀態；第二是在低溫下讓分子運動降低後再結晶。無論幾百次的實驗失敗，顏寧從未放棄，「死磕」這個世界科學家幾十年來追求的至高目標。

可堅持並不等於蠻幹。顏寧坦言，對於獲得人源葡萄糖轉運蛋白

的晶體結構確實有點驕傲：「因為這個工作完全是按照邏輯一步步拿到的結構，不是靠『篩選』。」

對於外界稱結構生物學研究「體力是基礎，運氣是關鍵」這種戲謔的說法，顏寧只是一笑了之。剛進入普林斯頓大學攻讀博士時，顏寧也常常與導師施一公爭執。她也曾以「勤勉」為信仰，認為面前有一百條路，非要一條條都試過才甘心。可事實總是證明導師一開始選的那條路就是對的，她逐漸相信，這就是長期經驗積累和嚴密分析所形成的「科學直覺」。

所以，如果要問這個團隊為何能在短期內獲得成功，顏寧絕不同意是「運氣」，而情願說靠「感覺」。

科學的無盡驚喜令人「上癮」

電壓門控鈉離子通道是顏寧回到清華後，為自己定下的另一個攻堅課題。二〇一一年，顏寧研究組終於獲得了一個細菌同源蛋白的晶體，結構解析近在咫尺。他們準備了大量晶體寄往日本同步輻射，收集最後一次重金屬衍生數據。

二〇一一年七月十一日，這一天讓顏寧記憶猶新。週一，在中國看到《自然》新論文上線的日子。本計畫六點前往機場飛赴日本，五點五十五分，顏寧打開了《自然》雜誌網路版。「第一篇文章直接砸得眼睛生痛，題目就是《一個電壓門控鈉離子通道的晶體結構》，我們被別人超越了！」顏寧說。

科學競爭，只有第一，沒有第二。「慘敗！」當顏寧將論文交與課題組成員手裡時，有的同學當場淚崩。

而此時，顏寧做出決定，一切按原計劃進行。當他們到達日本，又接到「低溫罐似乎出了問題」的消息。「所幸我們做事一向未雨綢繆，隨身還帶了很多晶體。收集數據非常順利，一個小時之內我們就解出了結構。」顏寧說。

趕在發表論文的課題組從數據庫釋放結構信息之前，顏寧團隊首

顏寧

次看到了這類蛋白的原子結構。「對過去四年依舊是一個完美收官！那一刻，根本不會顧及還能發什麼樣的論文，心裡充滿的只有這前後巨大反差帶來的狂喜。」顏寧激動地表示。

七月十三日凌晨三點，顏寧打開郵箱，準備給實驗室成員佈置後續工作，一封來自美國霍華德休斯醫學研究所的郵件彈出：經過初選，顏寧在全球八百名申請人中過關斬將，成為進入「霍華德休斯國際青年科學家」第二輪候選的五十五人之一。

「因為這個課題，我有幸與此前崇拜了十年的偶像級科學家、二〇〇三年諾貝爾化學獎得主羅德里克・麥金農教授合作，在與他的交流中受益匪淺。」不僅如此，顏寧團隊獲取的結構呈現出與已發表論文不同的狀態，新成果在十個月後發表於《自然》。

「這就是科學研究的魅力：不向前走，你根本不能輕易定義成功或者失敗。」顏寧說，這種不確定的驚喜，會讓人上癮。

時至今日，顏寧依舊懷念在美國普林斯頓大學的七年留學生涯：「在普林斯頓，教科書裡那些高貴冷豔的知識，原來就是身邊的這些貌似隨和的老先生老太太們創造的，研究生課程一律用經典或前沿的原創論文做教材。」

顏寧意識到，一旦進入實驗室，自己就有可能成為人類知識的創造者、科學史的締造者。有了這種認知，顏寧的追求目標也逐漸演化為：發現某些自然奧秘，在科學史上留下屬於自己的印跡。

在普林斯頓一年後，顏寧進入施一公的實驗室正式開始實驗研究。後來，實驗室又多了兩位來自清華的師兄。每當夜幕降臨，三個人就開始用小音箱放著中文老歌，伴著旋律各自做著實驗。或許，那就是顏寧嚮往的生活：「對我而言，只是很簡單地去喜歡這麼一個世界。」

王紅陽

國際肝病研究領域的「中國好聲音」

12. 王紅陽：遠離名利與平庸，做有溫度的學者

　　二十年前，面對中國是世界肝病大國的現實，她曾許下誓言：未來肝病研究領域必須要有中國的一席之地！為此，她放棄在德國發展的機會，毅然決然地選擇回國，並以此目標為己任，帶領研究團隊探索攻克肝癌的金鑰。她，就是腫瘤分子生物學與醫學科學家、中國工程院院士、國家肝癌科學中心主任——王紅陽。

　　二十載風雨歷程，始終無法熄滅王紅陽對科學探索的激情與執著。在數十年如一日的不懈努力下，王紅陽創辦的第二軍醫大學國際合作生物信號轉導研究中心和東方肝膽外科醫院綜合治療病區，已經建成國內首個樣品規範、數據齊全的肝癌樣本庫，形成基礎與臨床結合的創新研究基地。王紅陽所帶領的團隊在國際上首次發現肝炎經肝纖維化病程致癌的關鍵節點分子及其調控機制，開闢了肝癌防治的新途徑；研製出我國第一個以單克隆抗體為基礎的、擁有完全自主智慧財產權的肝癌診斷試劑盒，現已獲批進入國內外市場，有效提高了肝癌診斷準確率，在全球肝病研究領域頻頻發出「中國聲音」。

　　王紅陽認為，如今中國肝病研究不僅度過了最艱難的時期，更取得了令人自豪的成果。「中國科學家應該為肝病研究做出自己獨特的貢獻，這是中國科學家的責任和義務，是必須要做的事。」王紅陽說。

學科交叉，觸類旁通

　　優雅的笑容，從容的談吐，得體的著裝——與想像中不修邊幅的科學家不同，除了專業與學術，王紅陽給人的感覺，更多是溫暖和親

實驗室裡的王紅陽

切。「其實科學家也可以是『立體』的，科學與藝術是相通的，科學家也需要積累各方面的知識，有時候觸類旁通，更容易獲得靈感和啓發。」提到科學家，人們想像中大多是「每天圍著實驗台轉，對其他事漠不關心的一群人」。在王紅陽看來，這樣的刻板印象並不準確：「很多科學家既有他自己深入鑽研求索的科學領域，也有非常廣泛的愛好，比如文學、攝影、繪畫、書法。」

從部隊衛生員，到中國工程院女院士；從臨床研究醫師，到破譯癌症奧秘的科學家；從基礎學科首席研究者，到認真嚴謹的博士生導師；從實驗室裡的科研高手，到生活中美麗大方的知識女性。王紅陽無疑是科學界的「立體學者」。

談及「立體學者」，王紅陽認為，多學科的交叉和不同領域的融合對於科學研究是極其有益的。「有時候一個百思不得其解的問題，也許在與其他學科的學者交流中，就能獲得創新的出發點，使自己所在領域的難題迎刃而解。」王紅陽這樣說。

本科時期學習臨床醫學，研究生時期鑽研免疫學，在德國讀博期間，專注於生化領域，而博士後階段又轉入了腫瘤分子生物學。王紅陽認為，自己的研究經歷便得益於相互交叉的教育背景，而工作中與其他領域的科學家之間交流合作，也促成了許多新的研究成果。「任

何人在某一個領域的涉獵，都不會是浪費時間。」王紅陽建議，年輕人應該多思考、多學習，才會有更多成功的機會，這就是所謂的開券有益。

面對迷茫，莫忘初心

每天廢寢忘食，在實驗室埋頭工作十幾個小時；日日爭分奪秒，沉浸於細胞信號傳導研究。談起一九九五年，自己經過一年半的反復實驗克隆出新基因「PNP－1」的經歷，王紅陽仍記憶猶新。

那時，王紅陽在德求學期間癡迷於新基因的克隆與細胞信號傳導研究。在測序技術有限的情況下，王紅陽用最原始的手段，手工進行八千多次實驗，終於克隆出了一種新的基因。

然而，成功的喜悅還沒來得及湧上眉梢，她便得知了這樣的消息：日本科學家在一個星期前已經發現這種基因，並將它命名為

王紅陽指導學生做實驗

「BAS」。

　　失落、可惜、不甘，王紅陽深知，科學領域裡，只有第一，沒有第二。在導師和團隊的幫助下，王紅陽自我激勵，重新整理狀態，走出迷茫，開始了第二次科研長征。「基因很多，別人發現一個，你可以去發現第二個，也許有的人會放棄，但是我想堅守。其他國家可以，我們國家爲什麼不可以？」念念不忘，必有迴響。短短六年時間裡，她的課題組在國際上先後首次發現、克隆、鑒定了六個人類及鼠類重要的新基因，並全部錄入世界基因庫。

　　板凳須坐十年冷，王紅陽覺得，這是身爲基礎研究者必須要做好的心理準備。幾十年的研究工作，王紅陽早已習慣了在紛繁複雜的環境中，學會專注與自我沉澱。

　　回憶起自己的經歷，她不禁感慨：「這種過程現在說起來很簡單，眞正經歷時卻很煎熬，但是承受下來就走入了更高的層次。」作爲「過來人」，她深知，對於年輕人成長來說，經歷失敗，或者從別人失敗的經歷中收穫光明，大有裨益。

　　作爲從事基礎學科研究的學者，王紅陽始終堅守「不追逐名利，不甘於平庸」的信念。基礎研究是艱苦且漫長的探索過程，面對未知的結果，研究過程中要經受太多磨煉，很難在短期內取得突破。王紅陽認爲，這一過程就像大浪淘沙，不斷有人被淘汰，但總有人憑藉堅韌不拔的毅力和對科學探索的執著，耐住寂寞，守住初心。

　　與此同時，王紅陽強調，失敗後要不斷總結、不斷實踐，堅持明確的目標與

腫瘤分子生物學與醫學科學家王紅陽

追求，不甘於平庸與不追求名利同樣重要。選擇放棄或堅持只需要一瞬間，但得到的卻是完全不一樣的結果。

如今，面對後輩和學生，王紅陽始終以一位導師的身份循循善誘。她始終相信，在年輕人的成長經歷中，一句話，足以成為點亮他們心靈世界的一盞明燈，讓他們找到走下去的勇氣和信心。

推動科普，服務大眾

數據顯示，全世界50％以上的新發和死亡肝癌病例發生在中國。為什麼在如此高的發病率下，老百姓的防病意識卻依然沒有提高？肝癌發病機制到底是什麼？怎樣才能從身邊做起，防肝癌於未然？每一個問題都讓王紅陽深感肩頭的重任。

醫生出身的王紅陽將引導、關懷、教育病人看成是醫生的責任，作為科學家，她認為科學家同樣肩負著對社會科學普及的義務。「在科學創新的時代，如果一個民族本身的文化素質、科普程度有限的話，大眾創業創新肯定會受到影響。」王紅陽告訴記者，提高全民族的科學文化素質是極其重要的任務，科學工作者處在國家的科學中心，除了在領域內做出有價值的科學成果外，同時也肩負著科學普及的責任。

「過去，肝癌主要易感人群是肝炎病人，而現在來看，肝癌易感人群已經有很大的改變：遺傳因素、鍛煉情況、飲食結構以及過度肥胖、嚴重的糖尿病等代謝型疾病都與肝癌防控有關。」王紅陽認為，讓公眾瞭解各種癌症易感因素，要靠科普教育來實現，要把專業深奧的科學知識講得淺顯易懂，讓老百姓能聽明白。在王紅陽看來，如果每個科學家都來做這樣的工作，那麼大眾的科學素質乃至整個社會的防病能力，都會得到極大提升。

不管面對的是鮮花與掌聲，成功與讚揚，還是失敗與磨練，王紅陽深知寵辱不驚的心境與腳踏實地的前行，對於一個科學工作者甚至是每一個人的重要性。

有人說，女科學家都是「女強人」，或許這種「強」，更多的是胸懷、韌性和氣魄。王紅陽用她對專業的執著追求，以及對生活的豐富情感，真正詮釋了充滿溫度的學者魅力。

王　珣

塑造中國汽車原創設計品牌

13.王　珣：
打造中國汽車原創設計的國家名片

　　「在二十世紀九〇年代末至二十一世紀初，中國民族汽車工業水準與國外相比仍有巨大差距，核心研發技術及市場一直被國外合資品牌汽車壟斷。自二〇〇一年底加入WTO後，我國經歷了汽車工業發展的黃金階段，越來越多的中國人開始探索中國自主汽車設計道路，自主品牌汽車逐漸走入國人視野，並每年飛速發展，深受中國消費者信賴。作為一名伴著自主品牌成長的中國汽車研發人，我的內心是欣慰和自豪的。」談起中國設計和中國製造，上海龍創汽車設計股份有限公司總裁王珣感觸頗深。

　　汽車工業具有產值大、產業鏈長、關聯度高、技術要求高、就業面廣、消費拉動大等特點，是衡量一個國家工業化水準、經濟實力和科技創新能力的重要標誌，在全球經濟發展中佔據著重要的位置。

　　隨著中國汽車市場的開放化，二〇〇一至二〇一〇年我國汽車產銷量年均複合增長率分別達到22.80%和22.55%，並於二〇〇九年成為世界第一汽車產銷大國。至二〇一三年，我國汽車產銷量均突破兩千萬輛，連續第五年蟬聯全球第一，產銷量同比增速均回升至15%以上，這也意味著中國汽車工業蘊含著巨大的發展前景。

　　而早在二〇〇〇年，王珣就組建了「龍創汽車設計」，這是國內最早的一批汽車研發團隊，並開始走「中國設計」之路，立志要讓中國設計、中國製造走向國際化道路。

把中國汽車行業推到世界高度

　　在大環境的感召下，二〇〇〇年，只有二十五歲的王珣果斷放棄

王　珣

了上海飛機製造廠的穩定工作，創立了上海龍創汽車設計有限公司。
「在創業之前，我總覺得開公司很簡單，只要我拼命努力工作就一定
能養得活自己和員工。」然而，作為一名外鄉人，他的創業之路並不
像他想的那樣順理成章。

　　拿什麼錢把電話費、房租交乾淨？員工工資啥時候有著落？上哪
兒去尋找客戶？每天早上一睜眼，王珣就被這三個問題困擾著。「沒
開始創業的時候，我覺得中國的汽車行業哪裡都是機會，當我真正走
上創業這條路的時候，才發現所有的機會都很渺茫。」王珣告訴記
者。

　　創業初期，王珣迎來了公司的第一位客戶。「王珣，聽說你們這
能做汽車設計，你把產品的報價和週期告訴我，我們有機會讓你參與
合作。」面對突如其來的機遇，王珣欣喜之外是沒有思想準備的一絲
惶恐，「當時我們作為一個零銷售經驗的人，是沒法立刻回答他的問
題的，但有機會我肯定不會放棄，只能豁出去硬著頭皮做下去。」就
這樣，戰戰兢兢用三天時間做出了第一份正式報價單，為公司贏得了

第一次發展機會。然而這種與市場、與客戶成天打交道的職業並不符合他的性格。

王珣說，他小時候是一個靦腆內向，十分循規蹈矩的人。在同學眼裡，自己從來都跟創業搭不上邊。是創業的經歷完全改變了他的性格，應酬、演講、跑業務、開拓市場，王珣把所有能夠鍛煉自己的活都攬在身上。「我的理念是只要你相信自己能做並且願意做，你就能做成。」王珣說。

就這樣，龍創汽車自主品牌在王珣的帶領下已走過十八年的風雨坎坷，從最初一兩個人的孤軍奮戰到如今擁有八百多人的行業領先企業，靠的是堅定不移的理念：要做有信譽的企業，為顧客創造價值的企業，對國家有貢獻的企業。

二○○五年，中國汽車市場遭遇了前所未有的低谷期，行業內的許多公司在這次大洗牌危機中被淘汰出局，當時龍創也同樣面臨著三個月發不出工資的生死時刻。但令王珣感到慶倖的是，在公司最艱苦的時候，沒有一名員工主動離職，沒有一名員工對公司的未來失去信心。

「在最困難的時候，所有員工像一家人一樣互相激勵，每當我感覺快要撐不下去的時候，是我的團隊給了我莫大鼓勵。」王珣回憶道，「選擇中國汽車行業是非常辛苦的，我們每回為客戶設計研發一個車型，時間週期都非常緊張，如果我們早設計完成一天，就可以為客戶增加數以千萬計的產值，為讓客戶滿意，我們的職工必須經常加班，甚至熬通宵。」

今年春節前後，王珣收到了許多客戶的感謝信，感謝龍創人兢兢業業的工作態度，也感謝龍創品牌為整個中國汽車行業所做的巨大貢獻。王珣說：「我們這一代人和中國民族汽車工業共同成長，要更努力地把中國汽車行業推到世界舞臺的中心。」

為中國汽車原創設計正名

在中國汽車市場蓬勃發展的初期，國外的汽車設計公司在中國的發展也如日中天。「即使國外設計公司的報價比我們的報價高一個數量級且不提供分項報價，即使我們有很多經驗豐富的案例，即使我們全力以赴為客戶提供最好的人員服務，而國外公司只提供其二流或三流的人力資源來中國，依然有眾多的國內廠商趨之若鶩地選擇和國外設計公司合作。」國人對中國汽車原創設計的不信任與不重視，讓王珣在開拓市場時受了很多委屈。

而更讓王珣感到無奈的，是外國設計師對國產汽車設計的傲慢態度。早些年，王珣想去拜訪一個德國汽車設計公司，從提出訪問意向到邀請函的回覆，他足足等了大半年的時間。「在外國人眼中，每次我們一出了新產品，他們會習慣性地認為中國又偷了誰家的技術。中國人會拷貝、會模仿的觀點，已經影響了世界對我們的看法。」王珣

二〇一五年8月，龍創汽車設計股份有限公司正式在新三板掛牌上市

說。

為了改變外國人眼中的中國汽車原創設計，王珣和他的團隊從學習和研究國外車型開始，抓住每次和國外專家合作探討的機會，一點點構建完整的原創設計工作方式。模仿設計一年半載也許就能出成果，而原創設計則需最少三十個月以上的精雕細琢。「從二○○六年起，龍創有80%的產品都是原創設計，我們唯一能做的就是努力用更優的性價比和工作態度，贏得更多客戶的青睞。」王珣說。

目前，龍創已經和七家國外知名專業設計公司簽署戰略合作協定，並在西班牙新創立巴賽隆納龍創。作為行業內第一個走出去的企業，王珣感慨道：「中國人不要妄自菲薄，我們有能力把中國汽車自主設計品牌做好，為中國汽車原創設計正名。」

中國汽車設計行業還需國人多關注

二○○四年，王珣曾去義大利著名的喬治亞羅汽車設計公司參觀考察。他十分擔心自己的英語口語不佳會造成拒簽，但當他忐忑地把喬治亞羅提供的邀請函和簽證材料拿給工作人員時，義大利領館工作人員居然一看到喬治亞羅字樣就大叫興奮不已，並毫不猶豫地為他辦理了簽證手續。一個不到兩百人的國外汽車設計公司在義大利竟然會家喻戶曉，這是王珣第一次深刻感受到從事汽車設計職業的驕傲，感受到一個國家對汽車設計的重視。

王珣常年一直為中國汽車行業的發展積極建言獻策，呼籲國人提升對汽車研發的關注，呼籲政府加強汽車設計工業的建設力度，要把精力和資金投入中國汽車設計公司培養和人才培養中來，啟動針對性的國家政策和戰略，讓中國汽車發展發揮更大的作用。

二○一五年八月，龍創汽車設計股份有限公司正式在新三板掛牌上市。王珣希望，到二○二○年龍創總產值突破十個億，發展成為達三千人規模的中國首屈一指的交通工具設計集團，為中國汽車工業奉獻更多的原創力量。

趙　郁

大國工匠助力中國「智」造

14. 趙 郁：用高度專注和完美主義闡述「工匠精神」

「當我坐在大會堂裡，聽到總理說到『工匠精神』時，我感到心裡流過一股暖流，非常振奮。我還特意把『工匠精神』這四個字給圈上了。」趙郁回憶起二〇一六年兩會中總理提到的「工匠精神」，依然不掩內心的激動。

在二〇一六年兩會的政府工作報告中，李克強總理首次提出了「工匠精神」。這對於從事汽車製造業，且向來用近乎苛刻的標準要求自己，力求產品完美無瑕疵的趙郁而言，是鼓勵，更感欣慰。

趙郁，第十二屆全國人大代表、北京市總工會副主席、北京賓士汽車有限公司汽車裝調工首席技師，曾榮獲「全國勞動模範」、「全國技術能手」等榮譽稱號。這些頭銜和榮譽，對趙郁而言，是壓力也是動力，他說：「把壓力轉化為動力，督促自己更好地工作。只有通過自身的努力，在工作過程中，把自己這麼多年的積累，通過『傳幫帶』的方式，交給徒弟們，才能為企業帶來更大的效益。而不要過多地關注外界各方面的榮譽。」繼續幹好本職工作，是趙郁不變的追求。

以身作則，給青年徒弟以充滿希望的未來

「剛進企業，我在心裡對自己說，這份工作是自己選擇的，我選擇了這份工作，企業也選擇了我。這條路是自己認可的路。自己既然決定要走這條路，要麼就不幹，我們是帶著學習和完成任務的態度去的。」一九八八年，高考落榜後，通過社會招聘進入北京吉普的趙郁，對於自己的未來並沒有太多的憧憬和規劃，唯有「堅持」和「踏

趙郁（右一）給徒弟們講解專業知識

實」，是他不忘的初心。

　　三十年以來，從北京吉普到北京賓士，趙郁繼續堅持著當初自己選擇的路，並且帶著更多的年輕人，走上這條默默無聞卻精益求精的汽車製造之路。

　　「現在的年輕人很聰明，很多時候一點就通。加上互聯網等高科技手段，他們獲取知識的方法方式很多，所以眼界也很開闊。比我們當時強得多。」「傳幫帶」的經歷讓趙郁看到了自己年輕時的影子，「既然選擇了這個工作，就該對自己的工作充分認可，這樣才可能專注地工作。在我帶的小徒弟中，我看到了他們對工作的認眞、專注和喜愛。」

　　年輕人身上的踏實勁是趙郁最看重的品質，徒弟們對汽車製造的熱愛更讓他倍感欣慰：「只有徒弟們喜愛自己的這份工作，才會用心地學，也能靜下心地學。因爲有些東西可以靠師父帶，但更主要的，

還是靠這些年輕人踏踏實實地靜下心去鑽研技術，不被外界干擾。」

　　徒弟好學，是師父最大的動力。「因爲他們好學，能靜下心來認認眞眞地去學，不爲自己當初選擇這個職業後悔，我也會盡我的所能去引導、鼓勵他們。」趙郁欣慰地說。

　　從當年青澀的學徒成長爲今天經驗豐富的首席技師，趙郁在自己的工作信條中加了一條「以身作則」：「同時我也要努力讓自己幹得更好，通過我在前面的引領，讓年輕人看到希望。讓他們看到，在北京賓士良好的企業大文化下，只要你學，就能看到未來。」

求知若渴，把自己比作一塊海綿

　　談及北京賓士爲員工成長提供的支持，趙郁十分感激，也十分珍惜。二〇〇九年，賓士E級車進入國內市場的前一年，北京賓士派遣了七十多位汽車生產一線的骨幹員工，前往德國戴姆勒公司進行學

趙郁在和外國同事學習探討

習。趙郁也因爲工作出色、能力突出成爲骨幹員工之一，在德國度過了爲期九個月的學習時光。

「我們是帶著學習和完成任務的態度去的。我把自己看作一塊乾枯的海綿，到德國本部，能向他們學到更多知識，讓自己的技能達到更高的水準。」已經身爲一名資深技師的趙郁，仍舊不忘以求知的姿態珍惜每次機會，以學習的心態應對每次挑戰。

剛到德國公司不久，趙郁一行就遇到了第一個棘手的問題──語言不通，看不懂電路圖。「我們首先需要獲得相關數據。然而，由於涉及智慧財產權等問題，一開始拿數據的過程並不是很順利。幾次溝通下來，結果最後拿到手的數據全是德文。」趙郁說。

「當時腦子一下空白了。」趙郁說，「幹我們這行，汽車維修和調整，尤其像我負責電氣這部分，如果不把電路圖弄清楚，就什麼都幹不了。」

對於從沒學過德語，偶爾和零件上的幾個英文打過交道的趙郁來說，和時間賽跑是爭取學到德方技術的唯一辦法。

趙郁回憶：「想盡一切辦法，白天就拉著德國同事和隨行的翻譯，一個一個詞去對。一邊靠交流，一邊靠自己記錄。晚上回去之後，對當天學到的知識進行消化、整理，並提前準備好問題，利用第二天工作八小時，盡可能多地瞭解更多的內容。」

相較於「勞動模範」的稱號，趙郁對於自己的工作狀態，卻只是平靜地強調幹好「八小時」。「每天既然已經來上班了，都是工作八小時，那就盡全力幹好本職工作。充分利用八小時，盡可能多地學習」。

也就是憑著紮實貫徹好「工作八小時」的理念，歷時一個半月，一張光碟，兩百多張電路圖，全部被翻譯出來。「通過這一個半月的共同工作與生活，我和同事們的努力得到了德方的認可。在認識、瞭解之後，雙方實現了相互尊重。」趙郁說。

靜心鑽研，讓中國離製造強國更近些

回憶起赴德國進修的經歷，趙郁說，德方同事給他感受最深的就是「對待工作認認真真、一絲不苟的精神，和高度專注的態度」。而「平和心態，專注本職工作」，也是趙郁常掛嘴邊的工作準則。

「我國已經是製造大國，但實事求是地說，中國還不是製造強國，尤其是對於我所從事的汽車行業來說，在先進技術、製造工藝上，和西方發達國家先進水準還有一段距離。」趙郁說。

因此，總理的「工匠精神」讓趙郁備受鼓舞之後，更讓他冷靜地看到，此時提出「工匠精神」，是提倡大家在國家發展到目前的狀態，要能夠靜下心來，並不被製造大國這種表面的現象誘惑，要充分認識到自身的缺點，努力發揮工匠精神的特點。

「我的理解就是對工作的專注，是對自己工作標準的專注。各行各業、每個工種都有自己的標準，應該嚴格地按照工藝標準、品質標準等各種體系貫徹執行。」趙郁說，「還要追求完美，不厭其煩地重複地專注於自己本工種、本行業；一遍一遍、一次一次地幹，對自己提出非常苛刻的要求，不斷超越自我，最後達到完美主義，也就是對工作或者產品的完美要求。對於我們來說，賓士汽車要無瑕疵。」

趙郁認為，「工匠精神」對於各行各業的從業者來說，都應該是促使他們靜心、專注於本職工作的鼓勵。他說，每個人都應切實領會「工匠精神」並付諸於平時的工作。

楊祉剛

精益求精，焊接「汽車強國」

15. 楊祉剛：
我有創新技能，焊接「汽車強國」

同樣是在這樣一個早春時節。十五年前，楊祉剛背上行囊，進城務工。

不同的是，十五年前火車開往未知，如今，火車開往「春天」。

應徵入伍、當選班長，在部隊的生活讓他明白：幹事遇難，迎難而上。進城務工、評為模範，他懂得只要有夢想、有奮鬥，一切美好的東西都能創造。

楊祉剛，神龍汽車有限公司武漢工廠製造一部沖焊分廠的一名普通鈑金工，二〇一八年首次當選全國人大代表。

三月初，坐上通往「春天」的列車，赴北京參加二〇一八年全國兩會，楊祉剛知道他要傳遞千千萬萬像他一樣的務工者們的心聲。保護農民工兄弟的權益，提升整體素質，鼓勵他們向產業工人轉型。

榮當代表建言獻策

楊祉剛個子不高，身體卻格外壯實，車間裡的工作讓他的手變得粗糙卻不失靈活。相反，他的表達卻不能像他操作焊接工具那樣自如。

他謙虛地說：「首次當選人大代表，光榮且責任重大，但在履職上需要學習的還有很多。」

作為一線產業工人，也是一名農民工代表，工人的待遇、勞動保障等問題一直是楊祉剛所牽掛的。

「我是一名從農村家庭走出來的青年，種過地、當過兵、務過農、打過工，曾在多個基層崗位上歷練自己。」楊祉剛說。過往的經

歷一方面使他珍惜和熱愛他現在的工作崗位，推動著他發揮和釋放自己的價值和潛力；另一方面也使他知道了農民工權益保護的必要性和素質提高的緊迫性。

大年初六，剛從老家湖北省隨縣返回武漢的他，迫不及待地打開隨身攜帶的記事本，整理春節期間搜集的意見建議。這個記事本，裝滿了工友的期許與心聲，裝滿了他們質樸的囑託與真實的建議。

工友熊文峰抓住機會吐心聲：「產業工人的工齡工資，能否像最低工資標準那樣，每年由政府劃定標準。」楊勇提出：「一線工人的職業發展道路在哪裡？希望能建立完整的職業發展體系，讓工人的待遇和職級掛鉤……」

大家暢所欲言，楊祉剛認真記錄。零零散散的心願彙集到記事本裡。楊祉剛希望通過努力讓自己的建議更有針對性：「只有這樣，工友們的呼聲才能得到有效回應，我們農民工的問題才能真正得到解決。」

楊祉剛

「其實焊接工作的環境很差，煙塵很大，電弧光很強，很多人都不願意做。」楊祉剛說，他們每天要焊接很多零件，做很多實驗，電弧光把眼睛灼傷是常有的事。長時間暴露在電弧光輻射下，楊祉剛患上了電光性眼炎，看見紅光就流眼淚，臉上的皮膚掉了又長，不知換了多少層。為此，他建議國家出臺有關提高工人工作環境品質和提升工人勞動效率的政策。

同時，楊祉剛建議提升新生代農民工素質，推動他們向產業工人轉型。「希望黨和政府多關注一線工人，特別是技能工人和高技術人才的待遇和職業發展問題，更希望國家有好的政策和激勵機制，鼓勵更多人去做技術工人。」楊祉剛說。

「大國工匠」精益求精

楊祉剛是一名鈑金工，在公司的生產車間裡，有一間玻璃房展示著各種操作模型，這是以楊祉剛命名的勞模創新工作室。平時，他會在這裡培訓年輕員工。緊貼牆邊的玻璃櫃裡，擺著他發明的各種操作工具：C形挑鉤、扁頭挑鉤、十字拉拔釘……

「推動產業工人轉型，深化創新驅動發展，需要的不僅僅是國家政策的支持與引導，更重要的是工人們自身的努力。從自己身邊的事著手，創新發展，提高效率。」楊祉剛說。他自己來自農村，所以他更加理解努力堅持、自我奮進、積極創新對於一個外來務工者的意義。

楊祉剛認為，一線產業工人其實有很多創新的機會。在生產過程中，面對產量、品質和安全問題時，生產方法的調整、設備的製造改善等都是創新。「工人其實有很多事情可以做，只要大家想做、努力去做，每個人都可以有創新，每個人都可以成為工匠。」楊祉剛說。

「工匠精神」在他看來有創新和傳承兩方面的含義：一方面，工匠要有精益求精、追求執著、不斷進取、銳意創新的精神，「要幹一行，愛一行，專一行」；另一方面，工匠也要做好技術和精神的傳

承，爲更多員工做榜樣，讓更多員工成爲「大國工匠」，爲中國從「製造大國」走向「製造強國」貢獻力量。

楊祉剛對於「工匠精神」是這麼想的，也是這麼踐行的。

他平時酷愛鑽研，在PF2調整線鈑金工位，經常是大家都在休息了，他還在利用生產間隙在工位上練習鈑金返修基本功，常常是剛換一雙新手套，由於摸車的時間太長，到下班時手套已經被鋼板上的油浸透了，五根手指都已經烏黑，麻木。晚上回家後空手比劃操作要領，一遍，兩遍，三遍……經過反復的操作實踐與練習，楊祉剛不僅自己能輕鬆自如地操作焊鉗，還將自己在平時操作時的心得和技巧與大家分享。

時代的變化，也賦予了鈑金工更重要的使命。

二○一七年，公司成立了「楊祉剛勞模創新工作室」，依託這個工作室，楊祉剛開設了《MAG焊接》等五門培訓課程，無私地幫助工友們提升能力。一年來，他在這個工作室累計開展改進改善工作七十三項，爲企業創造經濟收益超過八十五萬元。銳意進取、傳承創新，這是一個「大國工匠」對自己的要求，也是中國從「汽車大國」

楊祉剛（右一）和同事們分享操作心得

到「汽車強國」的強大支撐力。

「光環」加身步履不停

十五年來，楊祉剛完成了從一名軍人到技術高工的蛻變。他可以用手感知需要修復的細微之處，可以準確無誤地完成一個看似難以完成的任務。

十五年來，他完成了跳出農門的夢想。爲城市的建設，爲國家的發展貢獻著自己的力量。

十五年來，他完成了個人價值觀的提升。工作之初，他想得最多的是用雙手改善生活。現在，他更願不斷改進技術，爲企業、爲社會做出貢獻。

天道酬勤，楊祉剛先後榮獲「武漢市優秀農民工」、武漢市勞動模範、湖北省「建功湖北十佳農民工」提名獎、全國總工會十五大代表、「湖北省五四青年獎章」金獎、湖北省五一勞動獎章、湖北省勞動模範、全國五一勞動獎章、全國勞動模範等獎項和榮譽稱號。

無論換多少工種，楊祉剛總是崗位上最勤勞的那個，無論榮譽名利如何，他始終沒有放下手中的工具，沒有放下對「汽車製造強國」的執著追求。

二〇一七我國GDP同比上年增長6.9%，汽車產量突破兩千九百萬輛。「但是要做到汽車強國，我們依舊需要核心的技術與創新。」楊祉剛說。

關於未來，他希望越來越多像他一樣的農民工，能夠用自己技術上的創新與實踐爲「製造強國」貢獻力量，希望中國製造的汽車能夠走向國際化，走向世界，希望自己是一個永遠奮鬥在一線的鈑金工人。

劉　屹

為中國夢，增添一抹天空藍

16. 劉　屹：
堅守夢想，做對社會有意義的企業

　　當出現霧霾天氣，PM2.5含量超標時，你會想到什麼？不出門、戴口罩還是購買淨化器？當人們絞盡腦汁想盡各種辦法來保護自己的健康時，劉屹博士和他的「艾可藍」團隊開發的選擇性催化還原器（SCR）和顆粒物捕集器（DPF），爲降低空氣中PM含量帶來了巨大幫助。「我們研發的SCR和DPF系統，通過催化還原、過濾捕集、主動再生、電子電控等先進技術，可清除95％以上的氮氧化物（NOx）和細顆粒物（PM2.5）排放，可以使天空更藍、空氣更新鮮。」公司董事長劉屹博士興奮地介紹道，這項技術攻克了汽車尾氣排放治理這一世界難題，填補了國內空白。

　　劉屹出生於皖南山區的池州青陽，畢業於美國威斯康辛大學麥迪森分校。二〇〇八年八月，他懷著拳拳赤子心，殷殷報國情，與已經就職於美國武田製藥公司的妻子一起回到了國內，在池州貴池工業園成立了安徽艾可藍節能環保科技有限公司。爲了幹一番自己夢寐以求的環保事業，爲了自己心中的夢想，爲了那份報效國家的責任，劉屹夫妻兩人毅然放棄了美國的綠卡，放棄了許多國人嚮往的美國夢，毅然回國用智慧和實幹實現自己的中國夢。正是他們執著、勤勉、淡泊、感恩的品格成就了事業，贏得了榮譽。二〇一〇年八月，全國僑聯授予他「中國僑界（創新人才）貢獻獎」。同年底，他當選爲「安徽省2010年度十大經濟人物」。二〇一四年獲「中國青年五四獎章」。

始終堅守最初的夢想

　　十六歲時，劉屹考取了浙江大學能源系汽車工程專業。由於二十世紀八〇年代末中國汽車工業相當不景氣，畢業時許多同學都選擇轉行，轉向了當時高薪酬的IT行業。然而，劉屹卻選擇到天津大學內燃機研究所做一個月薪僅有三百二十元的檢驗員。這樣的選擇在全班二十七個「正常同學」看來，相當「奇葩」。對此，劉屹並不在意，他輕描淡寫地說，「既然當初選擇了這個專業，就要堅持下去」。

　　二〇〇九年，受國際金融危機影響，全球經濟下行風險依舊佔據主導。在當時國際市場不景氣的大背景下，劉屹意識到我國汽車市場也必然會受到影響。但他又斷言，這種「危機」也許能成為我國汽車產業加速發展的契機。中國汽車市場的藍圖在劉屹的心裡不知道勾畫過多少次。無論何時，他都在堅守自己的夢想。對於原因，劉屹說，這可能與他的生活環境和家庭教育有很大關係。劉屹的太外公是名革

劉屹在生產車間

命烈士，外公是老紅軍，爺爺和父親也都是全國勞動模範。在這樣的教育氛圍下長大的劉屹，從兒時起樹立了努力學習報效國家的信念。爲了能夠實現自己實業報國的夙願，再艱難、再辛苦，他都要堅持走下去。

「雖然中國的汽車行業當時不景氣，但我認爲汽車產業必將成爲中國的支柱產業之一，不會因眼前的利益而轉行。」劉屹肯定地說。也正是在那時，劉屹萌生了要在汽車行業創立一片屬於自己領域的想法。只有專業水準提高了，他的夢想才不會更遠。

回國創業實現自己的中國夢

在美國俄亥俄州立大學，劉屹學習的是汽車NVH特性研究。學習了一年半後，他發現這並不是他感興趣的領域，於是他重新申請了更感興趣的發動機節能減排專業。憑藉著勤奮和努力，劉屹僅用四年時間就完成了碩士和博士學位，其學習能力著實讓人刮目相看。

劉屹回憶，剛到美國俄亥俄州立大學的時候，中國的汽車年產銷量只有一百八十萬輛，而二〇〇八年已經達到九百萬輛，中國超過美

劉屹在公司附近平天湖畔留影

劉屹參加安徽省2010年度十大經濟人物頒獎典禮

國成為世界第一汽車高銷量國家，而汽車高銷量隨之帶來的則是每年汽車污染物排放高達三千萬噸。中國的汽車環境保護產業基本空白，缺乏核心技術，若想降低排放、產業升級，其本質便是技術升級。而美國絕大多數公司卻通過壟斷核心技術，攫取超額利潤，制約著其他國家汽車工業的發展。於是劉屹決定帶領他的團隊回國創業。

　　回國後的劉屹，開始與他的海歸博士團隊醞釀創業大計，在公司建立之初面臨著各種困境而一籌莫展之際，是地方各級黨委和政府給了他這個返鄉遊子一個有力的擁抱。地方政府不僅提供了兩千萬元的扶持啟動資金，還提供了四千四百平方米的標準化廠房和六百平方米的員工住房。在專案成功落地的那一刻，一群歷經漂泊的硬漢忍

不住相擁而泣。劉屹說：「那一刻，我們懂了，這裡才是我們溫暖的家。」

為了根據國內柴油機產品的實際情況進行針對性產品研究，劉屹團隊放棄節假日，夜以繼日地工作。為了驗證產品，劉屹經常奔波在客戶和公司之間，一天行程上千公里更是家常便飯。餓了，在服務區吃個盒飯；睏了，在車上打個盹。回國後雖然忙得多、累得多，但對於自己的選擇，劉屹從來沒有後悔過。

「在國外是一份職業，回國感覺是事業。和自己的團隊一起成長，非常快樂；企業一天天壯大，也非常快樂。」劉屹的幸福與喜悅溢於言表。

付出終有收穫

如今，經過不懈努力，劉屹及其科研團隊已經完成了汽油、柴油和天然氣發動機尾氣淨化產品的全系開發，包括三元淨化器（TWC）、氧化催化淨化器（DOC）、選擇性催化還原器（SCR）及尿素噴射控制系統、主動再生式顆粒物捕集器系統（DPF）和顆粒物氧化器（POC），全部實現產業化，產品全面達到國Ⅳ和國Ⅴ排放標準，並完成了國Ⅵ的技術儲備，真正做到了生產一代、儲備一代、研發一代的目標。在機動車尾氣淨化處理領域，他們已經把我國與發達國家近二十年的差距，從技術上縮小至不到五年，從產業上縮小至不到十年。而在細顆粒物淨化和氮氧化物脫硝技術方面，他們研發的技術已經趕上了國際先進水準，一舉打破了國外企業對該領域的壟斷，對中國機動車節能環保產業做出了突出貢獻。

王　輝

風吹麥浪裡的「老科研」

17. 王　輝：
半世紀守望麥田，耕耘「育種夢」

一九九五年，他的西農84G6小麥品種選育獲陝西省科技進步二等獎；一九九九年，他的西農1376小麥品種選育獲陝西省科技進步一等獎；二○一二年他榮獲「陝西科學技術最高成就獎」；二○一五年十一月他獲得「2015感動陝西人物」稱號……

如今的他已是年逾古稀的老者，卻依然躬耕麥田，潛心研究。半世紀的艱辛勞作換來的優良育種成果，不僅為國家糧食安全做出了卓越的貢獻，也為百姓謀來了實實在在的福祉。

他就是我國著名育種專家、西北農林科技大學教授王輝。

面對記者，他樸實而誠懇：「我要對得起這些榮譽，雖然老了，只要我身體允許，我還是要堅持，把這個事情做下去。」

夢想在青年時代生根發芽

那個時代，大多數青年人的夢想就是考上大學。一九六四年，王輝如願地考入西北農學院。「經過三年自然災害，看到了農民餓肚皮的景象，所以學農是發自內心的。」心繫鄉親們的溫飽，王輝毫不猶豫地選擇了農業科學專業。

在大學的那段時間裡，王輝對學習機會格外地珍惜，每天都是早出晚歸。農業專業的學生將來要面對生產，除了學習理論知識，基層生產技術的學習也是必不可少的。一九六八年，大學畢業後的王輝進入軍隊農場鍛煉，經歷了艱苦的學習過程，但收穫也是豐厚的。在這段實踐鍛煉中，王輝對栽培、育種、田間管理等生產類實踐操作有了基礎的學習和掌握，為以後的小麥育種研究打下了堅實的基礎。

二〇〇九年五月十二日，王輝在河南推廣小麥新品種

以熱愛為原點，用豐收喜悅沖刷科研艱辛

　　一九八七年，王輝被調到育種教研組搞教學，兼職科研工作。他便在學校的二畝育種教學實驗田裡搞起了育種研究。一開始沒有實驗經費，便用自己的工資去填補；人力不夠，便招呼家人來充當免費勞動力；每年九月整地、施肥、劃行、分區及佈置試驗，十月播種；冬春兩季進行田間觀察記載、抗病鑒定、授粉雜交及大田管理，夏季進行收穫、晾曬、室內考種選擇、試驗總結、試驗安排⋯⋯就這樣，日復一日，年復一年，王輝開啓了充滿艱辛和汗水的田間育種生涯。

　　這一開始便是數十餘載。在小麥田間，他是最樸實的老農，一滴滴汗水滴落進土壤，在四季更替裡和麥田融合成一幅幅或躬耕或收割的辛勤勞作畫面；傍晚在實驗室，他是最專注的科研專家，對白天麥田間觀察到的數據進行回顧、記錄和整理，每個小麥材料的農藝特

性、發育快慢等數據都印刻在他腦海裡，歷歷在目。

　　白天看，晚上總結，在腦子裡形成印象，是王輝多年堅持下來的一個習慣。「育種工作如果做不到這點，光靠記到本子上，就不管事。到最後的話，記錄和人是分家的。」王輝如是說。

　　如果說數十年如一日的田間辛苦勞作以及嘔心瀝血的研究，是王輝成功的關鍵因素，那麼熱愛小麥育種這個事業，就是一切的出發原點。從最初爲解決鄉親的溫飽問題這個單純質樸的夢想，到成功研製出眾多優良小麥品種，爲民眾帶來眞正的實惠，他始終心繫百姓，從沒覺得自己是在做什麼奉獻和犧牲，一切都是那麼理所當然，對於他來說，最大的回饋無異於見到豐收的場景。「置身在西農979的廣闊麥田中，看到農民豐收的喜悅，心情就像金秋裡微風吹過麥浪，那份舒暢愉悅可以沖刷掉一切疲憊和艱辛。」王輝說。

二〇一五年十一月，王輝（左二）與團隊人員考察小麥出苗情況

走出麥田實驗室，為把育出的優良品種帶到民眾面前，將科研成果轉化為真正的生產力，他又是一位最不辭辛苦的四處奔走者，陝西、河南、安徽、江蘇都留下了他的足跡。

王輝說道：「雖然育種是比較辛苦的，但是一旦品種育成，看到對社會的貢獻，內心是非常高興的，有苦有樂，但是我覺得更多的還是甜。」在苦與甜中，一個個品種相繼出世……從一九九一年，他的第一個小麥品種西農84G6誕生，到西農1376，西農2611以及通過國審的西農979等小麥品種累計十一個，推廣面積逾一‧五億畝，累計增收小麥超過四十億千克，新增產值約九十億元。

不忘師恩心繫傳承，育種夢想薪火相傳

一位年過古稀的老者，本可以功成身退，樂享悠閒，但王輝從未想過停歇。他說：「育種是一個不斷圓夢的過程，永無止境。我還想通過自己的努力為社會奉獻更多更好的品種。」

他心繫傳承：「我從當地的老一輩育種人以及我的恩師趙洪璋院士那裡學到了很多。所以，我也希望把自己在育種上的一些獨特的見解，特別是實踐經驗，傳遞給從事育種工作的年輕人，讓他們儘快地成長，儘快發揮應有的作用，將老一輩的育種情懷一併傳承下去。」

對從事小麥育種的年輕人，王輝強調，小麥育種不僅要重視實驗，更要重視田間實踐。他說：「育種工作就像管孩子一樣，不接觸孩子，就無法瞭解孩子的脾性。小麥也一樣，你只有經常去觀察和記載，才能知道這個材料存在什麼問題，從哪些方面進行改良。」

他還強調要多進行生產調查，瞭解生產上的問題。他說：「育種是個探索創新型的工作。這個創新是否真正符合農業生產的需要，只有通過生產實踐的驗證才能確定。」

「年輕人要有一個求真務實的科學態度。科學研究本身既可能有失敗也可能有成功。只有求真務實地去工作，並客觀地評價自己的工作，才能夠認識到哪些需要努力，哪些需要去克服，慎重地對待自己

在工作中的每一個環節，事情才能做實做好。」王輝說。

　　王輝的學生孫道傑用這樣幾句話評價老師：「仲夏萬物競繁華，歸倉小麥待重陽。秋霜冬雪歲寒時，無邊新綠演滄桑。春風麥浪泛扁舟，濯纓採蓮蔚蒼生。」如今王輝的身影依舊活躍在麥田，奮鬥在小麥育種的第一線。非常之功必待非常之人，王輝，忍得住寂寞，擔得起甘苦，經得起誘惑，守得住初心。心繫民眾之溫飽，用那顆質樸如麥穗的心，厚重如大地般深沉的愛，惠及陝北民眾，福澤中華兒女，更是我們每一個懷揣中國夢的青年學習的楷模。他是田間最質樸的「老科研」，也是風吹麥浪裡最瑰麗的一道風景。

張學記

心繫祖國，造福人類

18. 張學記：
科學無國界，但科學家有祖國

二十年前，當進入人體細胞內部進行觀測仍是世界性難題時，他發明的奈米級超微電極和超微感測器創造了人間奇蹟；二十年後，當癌症被視為「生命剋星」成為人類難解的死亡之謎時，他研製的癌症早期臨床診斷系統又一次造就了科學傳奇。他就是世界著名化學生物感測器專家、俄羅斯工程院外籍院士，黨的十八大代表，北京科技大學化學與生物工程學院院長張學記。

二○○九年，為了響應國家號召，在國外已建樹頗豐的張學記放棄高管職位，義無反顧地回國，重新開始科學創業之路。「一個人的成功果實，往往掛結在愛國主義這棵常青樹上。只有把個人的理想、追求與國家的發展、民族的富強緊密結合在一起，人生才更有價值、更有意義。」這位瑞士傑出留學學者獎、GCAA終身成就獎和世界傑出華人獎、科學中國人（2014）年度人物獲得者，用詩意的語言詮釋了自己的成就。

讓科學插上夢想的翅膀

雙腳一踩就能翱翔天際，兒時的張學記常常會這樣突發奇想。正如化學家法拉第所言，一旦科學插上幻想的翅膀，它就能贏得勝利。一九九四年，張學記成功研製出奈米級超微電極及超微感測器。這個如頭髮絲千分之一細微的感測器，實現了對人體單個細胞的內部觀測，意味著人類距離揭示生命奧秘又近了一步。憑藉這項成果，張學記獲得全國大學生應用科技發明大賽特等獎。那一年，張學記剛滿三十歲。

張學記被評選為「科學中國人
（2014）年度人物」

　　一九八七年，時任淮南煤炭化工研究所技術員的張學記出差途經
武漢，正值武漢大學招收插班生。雖然不具備大專學歷，不在招生地
區範圍，但彼時的張學記已是安徽省最年輕的科學技術進步獎獲得
者，武漢大學破格為張學記報了名。

　　兩個月時間邊工作邊自學，張學記以總分第一的成績從三十多名
考生中脫穎而出，直接插班到大三就讀。整日穿梭於教室、圖書館和
實驗室，張學記異常珍惜兩年插班學習的時光。畢業時，他又以優異
成績獲得留校讀研的機會。兩年後，他成為武大提前一年攻讀博士學
位的十九名佼佼者之一。

　　一九九一年，張學記受到德國科學家用玻璃毛細管觀測細胞的啟
發，構想出用超微電極插入人體細胞內部進行研究的框架。

　　從那時起，張學記隨身攜帶一個記錄本。在與一個物理學博士聊
天時，他偶然得知離子束可以清潔材料表面；夏日夜晚，從夢中驚醒
的張學記看著旋轉的電扇，靈機一動想出打磨電極的方法……記錄本
上留下了張學記在三年科研過程中的靈感、疑惑和思考。

　　「只要我們能夢想的，我們就能實現」。這是張學記的座右銘。
在張學記的科研道路上，或許有天賦、有機遇，但更有他對知識的渴

求和對夢想的執著。

一顆永不改變的愛國心

二〇〇八年，我國開始引進並支持海外高層次人才回國創新創業。身在美國的張學記聽到這個消息後格外興奮。

此時的張學記，在生物化學感測器領域備受世界矚目。他開發的三十多項新儀器和感測器，在全球一百多個國家得到廣泛應用，創造近億元的經濟效益；他為美國宇航局和歐洲宇航局設計微型化自由基電化學檢測系統，用於太空梭和宇宙空間站；由於成就卓越，他被聘為美國世界精密儀器公司高級副總裁、首席科學家，成為該公司近五十年來聘任的首位外籍高級副總裁。

事業處於「黃金期」卻毅然回國，旁人頗感意外，張學記卻覺得是情理之中：「報效祖國還需要理由嗎？」在國外十五年，張學記一直心繫祖國。受制於國籍限制，有許多科研專案張學記無法參與。往來於多個國家辦理簽證手續也十分繁瑣。儘管如此，張學記對國籍的堅持從未動搖，身為中國人，是他內心最大的驕傲。

身在國外的張學記從未改變
過回國效力的願望

古人云，為天地立心，為生民立命，為往聖繼絕學，為萬世開太平。張學記認為，雖然科學沒有國界，但科學家有自己的祖國。「我從小學念到博士幾乎沒有花家裡的錢，所以總覺得欠祖國和人民的一份情，希望能用自己學到的知識回報祖國和人民。作為新一代的知識份子，我們更應該有這份責任，為祖國的繁榮和富強做出自己的一份貢獻。」張學記如是說。

二〇〇九年，張學記作為引進人才來到北京科技大學工作，負責組建生物工程與傳感技術研究中心。不足六百平方米的研究中心，住在「周轉房」，吃在學校食堂，國內提供的待遇條件與作為國外高管相比的確有落差。「大部分回國的學者並不是為待遇回來的，他們看重的是機遇，更看重為國效力的責任。」張學記說。

回想起二十世紀九〇年代，多少人趕著改革開放的浪潮紛紛「下海」，張學記住著「團結戶」，拿著一百六十元的月薪，一心埋頭做科研。直到現在，張學記仍舊如此「倔強」。而這份倔強，正是他從未改變的科學家精神和愛國者情懷。

探索癌症早期診斷預警系統

在二〇一六年政府工作報告中，李克強總理再次強調，創新是引領發展的第一動力，必須擺在國家發展全域的核心位置，深入實施創新驅動發展戰略。

創新被張學記視為科研的靈魂。「創新有兩個重要因素，一是興趣，二是有需求，正所謂興趣驅動，需求牽引。」這一理念使張學記的科研目光聚焦到生物醫學工程。

「我國癌症的發病率和死亡率都超過了世界平均水準，大量臨床數據顯示，大部分的腫瘤患者在目前的影像學檢查確診時，已喪失了治療的最佳時機。」於是，張學記開始牽頭研製基於傳感技術的癌症早期診斷系統，決定與「死神」拼一次。

這個系統可以在腫瘤形成之前提前十八個月進行早期預警，目前

已經得到了國家藥監局的臨床實驗許可，進行了三萬多次的臨床試驗。一旦它應用於臨床，對於世界醫學領域將是一項重大突破，這正是張學記所期待的。「一定要讓研究成果轉化爲能夠被市場接受的產品，才能使其價值最大化，爲社會所用。」

在張學記看來，創新人才是一個國家最稀缺的資源：「一流的設備可以買，一流的大樓可以造，但離開一流人才去使用和管理，就都是空談。」

從回國之日起，張學記就投身於生物工程與傳感技術研究中心的創建工作。不論這段科技創業之路多麼艱辛，張學記仍舊堅持打造一流的科研團隊。張學記竭盡所能地爲培養團隊的國際視野創造條件。他邀請國際著名科學家來校講學，並先後選派多名教師和研究生前往國外進修。

秉承著對教育事業的熱愛，即使忙於多個科研項目，張學記仍然不忘自己是一名教師。爲了引導更多有創新思維的學生入門，他專門爲本科生開設了教學課程。這門跨學科選修課在學校一下子「火了」，張學記也成了學生口中的「大牛」：「聽聽張教授的『牛人牛事』比吃飯更有營養！」

「致天下之治者在人才，成天下之才者在教化，教化之所本者在學校，學校之所在者在教師，得天下英才而教之是所有教師最大的夢想。」張學記深有感觸地說道。

張學記指導學生做科研

李　贊

勇攀高峰，撐起通信研究領域的半邊天

19. 李　贊：在通信研究的路上砥礪前行

　　隨著通信在經濟建設、國防安全、尖端科技等領域乃至人們的日常生活中越來越重要，對其安全性、可靠性的要求也越來越高。有這樣一位青年女科學家，她帶領科研團隊，針對國家實際應用需求，解決了高安全、高可靠通信中的一個又一個難題，先後研製出我國獨立自主的新一代應急通信系統、認知抗干擾跳頻晶片、頻譜感知感測器網路……因此榮獲第十二屆中國青年女科學家獎。她就是西安電子科技大學通信工程學院教授李贊。

　　李贊，一九七五年生於陝西西安，西安電子科技大學教授、博士生導師、綜合業務網理論與關鍵技術（ISN）國家重點實驗室「通信信號處理」研究中心主任。她也是第十二屆中國青年女科學家獎、第十三屆中國青年科技獎獲得者，被授予全國「五一巾幗標兵」等稱號、入選教育部「新世紀優秀人才計畫」，獲霍英東教育基金會青年教師基金資助。她以第一完成人主持國家科技重大專項、國家863計畫、國家自然科學基金等課題二十八項。

求索之路，路漫漫兮夜以繼日

　　一路「保送」又一路「破格」的李贊，卻堅稱自己是一個「反應遲鈍」的人——原來，「聰明」竟然不是一個科學家的必備素質。

　　小時候上學，老師經常跟李贊父母談的一個問題就是，為什麼這孩子上課從來不舉手發言？李贊說，因為上課聽不懂，就怕老師提問，站起來腦子一片空白，什麼也答不上來。「當考試得了第一名，別人都說我是好學生，卻不知道我在背後付出了比其他同學多好幾倍的功夫和時間。」李贊說。

李贊（右四）與同事進行課題組學術研討

　　讀博士的時候，李贊寫論文也是最慢的。別的同學在博士一二年級就出論文了，李贊快上博三了都沒有寫出來。姑娘急了，又像小時候一樣天天給自己加班加點。在博三一年的時間，李贊竟寫出了七八篇論文，發表在了級別很高的國際期刊上，還獲得了學校的優秀博士論文資助。

　　李贊從小性格外向，興趣廣泛，唱歌、跳舞、練素描、寫書法、辦壁報，還參加了學校鼓樂隊……在唱歌方面更是得到了名師指導，並獲得過不少獎項。當年和她一起學習的三十位學員，二十多人都考上了音樂學院。後來很多人都好奇李贊為什麼沒有選擇唱歌，她的回答很簡單：「因為聽話。我一度也想以唱歌為職業，父母卻不同意，認為既然功課好，就該去學理工科，將來好找工作。父母為我選專業的時候，完全沒有想到未來會成就一個科學家。」而李贊自己也是在上研究生以後才逐漸明白科學是什麼。

　　在李贊看來，該做的事情就要全力以赴，不講條件，不計得失。一如她的父母，明明沒有打算讓女兒走音樂之路，卻僅僅因為女兒喜

歡就給了她極其「專業」的投入——一小時八十元的學費、一套又一套昂貴的演出服、錄製三四百元一盒的金屬帶……每次老師上課，媽媽都會用答錄機錄下來，把自己也學成了半個老師，女兒在家練聲，媽媽能聽出好壞對錯，給她糾正。在那個並不重視孩子業餘愛好的年代，得是多麼不功利的父母，才能爲孩子「業餘」的事情做出如此不業餘的努力，也因此造就了這個毫不在意功利的孩子——所有的回報都不是求來的，水先到，渠自成。

科研高峰，峰巍巍兮鍥而不捨

打開百度百科，鍵入「通信」，這個詞的瀏覽次數是42.64萬次；而鍵入「跳頻通信」，這個詞的瀏覽次數卻只有3.36萬次。

跳頻通信是通信中一個很特殊但非常重要的研究方向和領域，它是一種最常用的擴展頻譜無線通訊方式。

李贊說：「在二十世紀四○年代，通過跳頻技術能夠實現抗干擾的可靠傳輸，也就在那時跳頻通信被正式提出。」目前，跳頻通信已廣泛應用於衛星通信、藍牙設備以及短波、超短波通信等多種領域和場合。「跳頻通信通過頻率跳變，帶來了很多良好的性能。它的抗干擾、抗衰落能力強，可實現高安全、高可靠傳輸。」李贊介紹道。

李贊指導學生做實驗

二〇〇一年，碩士畢業的李贊留校任教，成爲了一名青年教師。面臨團隊力量、經費支持均不足的艱苦困境，她毅然選擇了「跳頻通信」這一極爲特殊、難度係數很高，但又是國家科學發展中亟待突破的研究領域。

針對日益複雜的無線電磁環境導致跳頻通信性能逐步下降的現狀，是否存在更優秀的跳頻序列，使得系統傳輸性能有效提升呢？帶著對這個問題的深入思考，李贊帶領團隊開展了一系列創新性研究，並實現了多方面的理論和技術突破。

「打個比方，如果說頻譜監測是『眼睛』，我們就是要讓可靠通信系統用上這個『眼睛』，讓它『看得見』、『分辨得出』能用的通道在哪兒。」李贊介紹說。

二〇一五年底，由中華全國婦女聯合會、中國科學技術協會、中國聯合國教科文組織全國委員會共同頒發的「中國女科學家獎」，讓一直默默從事科研事業的李贊走進了大眾的視野。頒獎詞中是如此評價李贊的：「她研製出了我國獨立自主的新一代流星餘跡通信系統，出版了國內該領域第一本專著。」

這一次，李贊帶著她的新的研究成果亮相。新一代的流星餘跡應急通信系統，填補了我國在這一領域的空白，爲我國進入科技強國行列邁出了堅實的一步。

「流星餘跡通信，通俗地講就是利用天上流星的餘跡，能夠起到傳輸信號的一個通信電路的作用，來實現一種通信，它是一種非常特殊的應急通信的方式，也是高安全、高可靠的通信方式之一。」李贊介紹道。

「許多人喜歡做純理論研究，而不願做實際的系統開發。因爲做系統的週期很長，且需要集體智慧和團隊協作，個人很難作爲第一完成人署名，影響找工作、評職稱。」李贊說。而李贊是一個「另類」的科學家，她既喜歡做「能眞正解決實際問題的東西」，也同樣重視學術理論研究。

為師之道，身先士卒而後授業解惑

「可以說是我的導師把我領上了科研之路，也可以說是導師改變了我的人生。」李贊對導師金力軍教授充滿了感激和崇敬之情。

李贊永遠記得這樣一幅畫面：那年冬天，導師金教授帶著她和一位師弟到河北霸州（原霸縣）做實驗。由於信號接收不理想，李贊和師弟從破房子裡鑽出來準備爬上去調整天線頭。零下十幾攝氏度的氣溫，已經讓天線塔上的鋁條被晶瑩的冰包裹成冰棒，兩個人愣在原地不知如何是好。就在這時，金教授從屋裡出來了，年近六十歲的她一個箭步抓著天線桿子就往上爬，沒有片刻猶豫。

這件事給李贊留下了深刻印象，金教授用行動告訴她為師之道的奧義。為師生涯，她用行動傳承師者品德──身先士卒、言傳身教。

如今的李贊也是一名博士生導師。對於引導青年人才特別是學生

李贊（左四）與學生在校園裡交流

從事科研工作，李贊認為：「導師要全力扶持學生去做，利用自己的平臺，多給學生機會，讓他們瞭解國家需求，激發他們的創造力。」

在進行關於流星餘跡通信研究時，由於要避開信號雜亂的鬧市，尋找偏僻無人處設置通信設備，李贊帶著學生住在破舊的招待所，每天早晨背著沉重的頻譜儀、示波器等近百斤重的東西，到十幾公里外的實驗點做測試。到晚上，再把這些沉重的傢伙悉數背回。一起做測試的學生來來去去，只有她日復一日地堅持了將近兩年。

李贊這樣談導師的作用：「比如需要好的研究方向，學生在高校看不到市場，無法把握方向，此時考驗的便是導師的能力。其次，導師需要激發學生的創造力，給他們更多的平臺，多參加國際會議等。」

科普之路，事雖小而益無窮

二〇一六年六月初，李贊作為陝西省最年輕的代表，參加了中國科協九大，有幸在現場聆聽了習近平總書記在「科技三會」上的重要講話。讓她印象深刻的是，習總書記強調，要把科學普及放在與科技創新同等重要的位置。

李贊認為，這是非常有戰略眼光的：「創新的主體是科技人員，未來的科技人員就在碩士、博士研究生和大學生之中，他們直接決定著中華民族的持久創新能力和未來。因此，培養全民的創新精神，提升我國整體科學素質，使青少年由崇尚明星轉為崇拜科學家，科普教育要從娃娃抓起，全民科普是一條必經之路。而科學家做科普責無旁貸。」

李贊獲得中國青年科技獎等一些獎項後，便融入了青年科技工作者的群體中，加入了中國女科技工作者協會。協會定期組織活動，包括科普進校園。「讓院士去給中學生、大學生做基本的科普，會安排不同學科的代表，有學醫的，學海洋的，像我是學通信的，學生顯示出極大的興趣，而且去的都是比較偏遠的地方。」李贊說。

李贊指導學生室外測試

　　「我覺得走進校園、走到基層做科普很有意義，心靈上得到滿足，是我以前做科研獲一個獎項或者寫一篇論文的成就感完全無法比擬的。」在李贊看來，一位優秀的科學家不僅要在研究領域有所貢獻，更重要的是積極投身社會公共服務。

　　在當選2016《中國婦女》時代人物時，李贊說：「能夠獲此殊榮，我覺得不是對我個人的認可，而是整個社會大眾對於科技女性的認可。社會需要發展，發展需要科技，科技需要女性。希望通過廣泛的宣傳，鼓勵更多的女性投身科技事業，使中國科技女性迅速成為高科技創新行業的重要角色，讓科技女性也成為一種社會常態，撐起我國科技事業的半邊天。」

王中林

「奈米飛人」

20. 王中林：「奈米飛人」千里走單騎

　　三十五年前，在西安電子科技大學讀大三的他，成為國家面向全國選拔一百名中美聯合招收的物理研究生之一，遠赴重洋。之後，他獲得亞利桑那州立大學物理學博士，二〇〇四年晉升為佐治亞理工學院校攝政董事教授。

　　他長久保持對研究領域的熱情，排除生活「雜事」的干擾，成為當今世界奈米領域的執牛耳者。「得志不猖狂，失意不消沉」已成他常常自警和育人的座右銘。

　　如今，曾經的勵志「男神」，奈米「大牛」登上了北京市「京華獎」的領獎臺。深灰色西裝，藍白相間條紋領帶，黑框眼鏡，言談舉止中範兒十足。他就是中國科學院北京奈米能源與系統研究所所長、首席科學家王中林。

熱情不衰，終成正果

　　王中林是一個相當「執著」的學者。前些年，他力促美國佐治亞理工學院和北京大學聯合創辦光電系並兼任系主任，面對國內一些所見所聞的浮躁學風，他深惡痛絕。有一次一個學生向他抱怨平時雜事多影響了做科研，他竟劈頭蓋臉地訓道：「浮躁從你浮，今天晚上同學叫你唱歌，你去了，明天同學又叫你喝茶，你也去了，雜事多，你不去不就完了嘛！」話糙理不糙。「作為一個教授，不教不授何為教授？」王中林對此解釋道，「我們要教的學生是我們知識和思想的傳承者，把學生當自己的孩子看，既要講還要教，第一職責是育人，告訴學生做學問先做人。」

　　正是從小喜愛研究，見識到了科技改變生活的力量，王中林才能

長久保持對自己研究領域的熱情，排除生活「雜事」的干擾，從而成為當今世界奈米領域的執牛耳者。

「邁克爾‧喬丹在美職籃打球時曾說過，『I love this game（我熱愛這場比賽）』。」談到自己的偶像時，他扶了扶眼鏡，提高了聲調，「對於我們搞科研的人來說也是這樣，面對不分晝夜的工作一定要熱愛、要執著，更要會享受這個過程。」

在美國奮鬥的歲月裡，王中林陸續收穫美國顯微鏡學會巴頓獎章、美國化學學會S.T.L獎金、美國陶瓷學會普帝獎及埃瓦德奧頓紀念獎、美國材料學會獎章、美國物理學會詹姆斯馬克顧瓦迪新材料獎，是世界少有的獲得美國五大學會共同讚賞的學者。

由於非出身名校，又乏人引薦，王中林在美國的科研之路起初也並不是一帆風順。「美國材料學會每年參會多達一萬人，一年只評兩三個人一個獎。你算老幾啊？這麼多人排號領獎，你排哪年去啊？」回憶這段經歷時，額頭上的皺紋明顯浮現，他感慨地說，「學生時代我就去參會，那時人家只給我壁報，那我就放壁報上給人講。俗話說酒好不怕巷子深，現在巷子太多，酒也太多了，我只好努力叫賣。

中國科學院北京奈米能源與系統研究所所長、首席科學家王中林

過段時間，人家再給我在兩百人面前一次十五分鐘的展示，我把它講好，過幾年再給我三十分鐘的邀請報告。就這樣年復一年，很多人就瞭解我的研究了。雖然進程很慢，但是一定要耐得住性子。」

正是國外的學習和打拼，培養了王中林對事業的熱愛，磨練了他的毅力，也成就了他今日學術上的地位。歷經摔打，「得志不猖狂，失意不消沉」已成為他常常自警和育人的座右銘。

專注冷門，偶然拾金

如今中國科學院北京奈米能源與系統研究所，幾乎一半的研究都與奈米發電機和柔性摩擦奈米發電機有關，這也是所長王中林引以為傲的兩件寶。「其實它們的發明都是很偶然的機會，最開始都不是為了發電。」王中林坦白地說道。

王中林回憶起了他在研究過程中「錯誤」導致「發現」的故事。二〇〇五年夏季的一天，王中林與一位博士生用當時最高級的手段，測試奈米材料的壓電係數。這位學生做了整整一個夏天，得到的結果卻和王中林期待的不太一樣。是方法錯了，假設錯了，還是計算錯了？當時王中林首先想到的是假設出了問題。他同學生一起反覆研究，重新計算，最終發現了一個全新的方向：利用奈米材料發電。幾個月後，王中林發明了奈米發電機，在此基礎上，他又發明了不依賴原子力顯微鏡，並能連續不斷地輸出直流電的奈米發電機雛形，為技術轉化和應用奠定原理性的基礎，邁出了關鍵性的一步。

「有時候你摔了一跤，但絆倒你的很可能不是磚頭，而是一塊金子！」王中林端起面前的茶杯，輕輕地喝了口，繼續笑著說道：「二〇〇六年十一月我用兩篇文章提出了壓電電子學這個概念，十年後這個概念變成了一個物理效應和一門學科。在此基礎上我又提出壓電光電子學，照樣也成了一個物理效應。」

二〇一一年，另一個「錯誤」啓迪了王中林的小組，關於研製柔性摩擦奈米發電機的思路。這年三月，做奈米發電機的學生向他彙

報：「最近測試出的結果和以前不大一樣，以前發出的電只有1V，但最近有時候測試出的結果能達到3~5V！」王中林排查原因，很快發現這是因為學生在做奈米發電機的時候沒有封裝好所致。但這個簡單的「錯誤」卻把他帶入沉思：「在這種時候，更重要的是從這些未知的現象中發現點什麼。」

王中林

王中林和學生把設計方案改了又做、做了又改，經過半年的反復打磨，他們終於發現了一個十分簡單卻非常有用的技術——摩擦奈米發電機。利用這種摩擦來發電，終於讓「負效應」帶來了「正能量」。

這兩項發明令王中林在業內「大紅大紫」，也使奈米能源成為大家眼中的「香餑餑」。

「我給學生說做熱門就像鄉下吃席一樣，你一口我一口就把一盤菜糟蹋了，然後再找下一盤菜在哪裡，你能是第一個嗎？！」王中林的一隻手在空中比劃叨菜的動作，此刻他的情緒明顯激動起來，「什麼叫冷門？第一，大家認為不值一做；第二，太難；第三，沒多大用。那我就在大家都不看好的情況下把它奠定了，這叫『千里走單騎』，做原創一定不能抓熱點！」

對普通人而言，奈米發電機並不是一個遙遠的科學名詞，它意味著一種相當科幻的生活：若它投入應用，人們步行、心跳、脈動的微

能量能夠用來為微型醫療設備、可穿戴電子產品供電，實現「自驅動」。而以此為代表的自供電電化學和自充電電源系統，未來將在海水淡化、國家安全、大氣和水污染治理等諸多領域改變人們的生活。

「我認為奈米發電機兩年之內會達到實用，五年內會達到高峰，七年會變成大能源。」王中林講這句話時擲地有聲，源於他對自己科研團隊的信心。中國科學院北京奈米能源與系統研究所已經研發成功的無臭氧產生的空氣淨化機、利用汽車排氣口動能除塵的尾氣過濾裝置、可監測老人和兒童位置信息的智慧鞋都已經投入量產，即將走入千家萬戶的生活中。

從六年前他和兩位同事在一間咖啡館開第一次會議，商討組建研究所事宜，到今天發展為擁有三百人規模的科研團隊、懷柔基地占地八十三畝，可謂滄海桑田。「在國外你敢想嗎？你敢做這夢嗎？」王中林意味深長地說，「這就叫中國，這就叫國情，這就叫重大機遇，這就叫需求」。

談及對奈米技術未來的期待，他表示，不光是奈米，整個中國各行各業的科研再過十年，會有突飛猛進的發展。中國科技界二十年後，很多領域將超越美國，王中林對此充滿了信心。「我只有把這個所建好，方能對得起國家的支持，方能對得起納稅人。」未來，王中林將繼續在研究奈米發電機的道路上前進，為國家培養一批堪用的人才出來，帶領他的科研團隊再攀科技高峰。

邁克爾・喬丹，這位偉大的運動員因屢屢在賽場上用加時絕殺證明一切皆有可能而被譽為「籃球飛人」。而王中林，也已在奈米科技領域用實實在在的發明告訴世人沒有什麼不可能。用「奈米飛人」這頂頭銜評價「喬丹粉」王中林，似乎再合適不過了。

鍾章隊

打造綠色高鐵，擦亮國家名片

21. 鍾章隊：
開闢通信新領域，擔當物聯時代先鋒

「看！這就是我們的研究室，這裡有高鐵數位調度通信系統，有物聯網設備、GSM－R系統、LTE－R系統，還有高速移動模擬系統、車載移動終端設備、儀器儀錶等計量設備……」在北京交通大學思源樓九層，面對一台台複雜的機械設備，全國政協委員、北京交通大學電腦學院院長、軌道交通控制與安全國家重點實驗室通信方向首席教授鍾章隊如數家珍。「我對團隊的要求是『頂天立地』，『頂天』是要夯實理論基礎，『立地』則是切實解決國民經濟和通信發展的瓶頸問題」。提起無線通訊與專用移動通信，鍾章隊滔滔不絕。

一九七九年，鍾章隊以優異的成績考入北京交通大學無線通訊專業，畢業留校任教兩年後，再次考取本校通信與信息系統研究生。鍾章隊說，「人是要有理想的，理想是產生內在動力的催化劑。當然，支撐我一路走來的，除了理想，還有幾位老師」。面對更多的工作選擇，鍾章隊坦言：「當時心裡只有一個堅定的信念，那就是 —— 要成為人類靈魂的工程師。」

夢想火種厚積薄發

「我是從莊稼地裡走出來的大學生」，回顧漫漫求學路，談起當老師的初衷，鍾章隊感慨萬千，打開了記憶的閘門。「一九七八年六月，初中數學老師李華明把正在田裡插秧的我叫上來，語重心長地給我講高考對人生的重要性，鼓勵我去參加高考。後來，中學校長綦鴻宇又把我招進了高考班，那時備考可沒現在這麼多數據，要想複習就得自己用蠟版鐫刻，很是艱苦。」有兩位老師的啟發，鍾章隊堅定地

踏上了高考求學路。

由於第一次參加高考，鍾章隊的高考成績不很理想，二位老師又合力推薦他到縣重點高中復讀一年。就是在這裡，他遇到了第三位恩師──班主任郭金星，「當時他還特地從福建老家給我們搜集復習數據，講數學時板書既工整又漂亮，是個有真才實學的人」。求學路上，三位老師的扶持和幫助，讓鍾章隊心生敬仰，從而萌生了想要當老師的念頭。「一日為師、終身為父，直到現在我都會去看他們，他們在我求學過程中的付出比我父母還多！所以大學畢業後，我毫不猶豫地選擇了留校當老師。」鍾章隊說。

鍾章隊選擇就業時正趕上改革開放，二十世紀七〇年代，交通運輸並不發達，「當時鐵路很落後，老百姓從湖南到北京要三十六個小時。電視也很少，休息時就聽收音機，廣播聽得多了，漸漸對無線電產生了興趣」，電氣化、光電纜、移動通信⋯⋯濃厚的興趣促使鍾章隊選擇了無線通訊專業，與通信系統和電子設備打交道，這一打就是

鍾章隊介紹北京市高速鐵路寬頻移動通信工程技術研究中心的研究成果

三十五年。

「我一九八三年參加工作，第一個月的收入是四十七塊錢，當時沒有現在這麼多誘惑，有時間就思考如何爲『四個現代化』做貢獻，一門心思跟著老師做科研。」剛工作時，鍾章隊跟著師傅到西安做實驗，一做就是兩三個月。長期泡在工廠、實驗室裡，不僅讓鍾章隊掌握了精湛紮實的理論功底，更使他磨練出踏實、穩重的優秀品格。

肩負重任天塹變通途

「國家應該減少土地使用，形成綠色運輸，發揮高鐵的既有性潛能，提高經濟效益。」鍾章隊所帶團隊從二〇〇三年就開始參與建設世界上海拔最高、線路里程最長的高原鐵路——青藏鐵路，從二〇〇六年投入使用至今，青藏鐵路已經運行十二周年整。巡天遙看，這條「東方的哈達」全長一千九百五十六公里，蔚爲壯觀。作爲負責試驗段的通信系統總負責人，鍾章隊帶領團隊在五百公里的凍土上，採用了一種新型控制系統，使青藏鐵路成爲世界上第一條採用無線通訊承載列車控制信息傳輸的鐵路。青藏鐵路的完工，是鍾章隊所在團隊堅持不懈、努力思考、結合實踐的豐碩成果，不僅爲雪域之巔的人們送去光明和希望，也對其他西部鐵路的建設起到了引領和表率作用。

肩負國家鐵路大發展的重任，鍾章隊領導團隊攻堅克難，在一個個重點科技項目中創出新業績，在一次次高速鐵路無線通訊研究工作中做出新貢獻，力爭做引領高鐵發展潮流的排頭兵。「大秦鐵路原設計的年運量只有一億噸，爲最大限度發揮作用，有效緩解煤炭運輸緊張狀況，我們對大秦鐵路實施了持續擴能技術改造。」鍾章隊告訴記者。

大秦鐵路全長六百五十三公里，是中國西煤東運的主要通道之一，也是中國新建的第一條雙線電氣化重載運煤專線。在採用鍾章隊團隊設計的新型重載技術，大量開行一萬噸和兩萬噸重載組合列車後，大秦鐵路全線運量逐年大幅度提高，成爲世界上年運量最大的鐵

路線。二○一○年，大秦鐵路提前完成年運量四億噸的目標，為原設計能力的四倍。「大秦鐵路重載運輸成套技術與應用」專案，也因此獲得國家科技進步一等獎。

多年來，鍾章隊主持和完成了國家自然科學基金重點項目、科技部863專案、鐵道部重點科技計畫專案、國家重大重點工程項目等八十餘項。鍾章隊透露，他們目前主要在進行高速鐵路寬頻移動通信研究和鐵路物聯網等工作。鍾章隊表示：「高速鐵路在改善人們生活品質上有很重要的作用，從二○一五年兩會以來，我們就對『互聯網＋』十分重視，如何讓鐵路綠色、高效地運行是擺在我們面前的一大課題，因為我們所做的工作就是國家的一張名片。」

學術專著傳遞精神食糧

「我帶學生不愛說教，在我看來，言傳身教是最好的教育方式。」鍾章隊認為，現在的青年人趕上了一個好時代，要珍惜一切可利用資源，抵抗外界誘惑，堅持把一件事做透、做好，充分發揮年輕的優勢。

從業三十五年以來，鍾章隊培養出一批批英才翹楚，目前所帶團隊裡最年輕的教授三十五歲，副教授二十八歲，「希望能把他們培養成棟樑之才，為國家發展做出貢獻」，鍾章隊對自己的學生寄予厚望。二○○八至二○一二年間，鍾章隊所帶團隊共授權發明專利三十七項，五年內獲國家科技進步一等獎一項，省部級科學技術一等獎兩項、二等獎四項。

在高強度工作的同時，鍾章隊還出版了九部學術著作：《物聯網》、《鐵路物聯網應用》、《鐵路數位移動通信系統（GSM－R）應用基礎理論》……其中多部書籍被用作教材，成為行業內技術人員的必讀教材。「在軌道交通寬頻移動通信系統方面，我們已經獲得國家出版基金的支持，正在準備把團隊的研究成果整理成一套技術叢書。」鍾章隊說，希望能把領域內的高精深研究，用一種淺顯易懂的

形式，面向大眾推出。

「我們目前正在進行第五、六代移動通信研究，也就是超寬頻。未來我們要實現的是，一部電影可以瞬間下載，出門旅行時能便捷獲取周邊即時服務信息……」在對未來的暢想中，我們看到了移動通信技術的光明前景。

「我們六○後接受的是傳統教育，又成長在改革開放的年代，工作在綜合國力大發展的時期。」在鍾章隊看來，目前最重要的是人才培養和隊伍建設。天下遍桃李，師者盡流芳。「希望能在退休之前培養更多高層次人才，向國家繼續輸送、積蓄『雙創』棟樑。」鍾章隊如是說。

鍾章隊在GSM－R研究與應用類比系統實驗室指導學生進行專案操作

寶蘭高鐵建設者

攻堅克難，圓夢鋼鐵絲路

22. 寶蘭高鐵建設者：十年圓夢鋼鐵絲路

郭俊奇說，我們趕上了中國高鐵的好時代！

二○一七年七月九日，我國沿古絲綢之路而建的高鐵線路，從寶雞至蘭州的寶蘭客運專線（以下簡稱寶蘭高鐵）正式開通，打通了鋼鐵「絲綢之路」。

作為國家中長期鐵路網規劃「四橫四縱」徐蘭高鐵的重要組成部分，寶蘭高鐵「一橫」徹底連通了中國高鐵橫貫東西的「最後一公里」，徐蘭高鐵實現全面貫通，從而使我國西北地方高鐵全面納入高鐵鐵路網。它的通車運營將顯著提高歐亞大陸橋路通道運輸能力，助推「一帶一路」建設。

來自中鐵一院的郭俊奇，是這條寶蘭客運專線的總工程師。

二○一七年八月初，寶蘭鐵路運營「滿月」之際，郭俊奇在西安北站登上了廣州南至蘭州西的G96次列車。因為寶蘭高鐵的開通，這趟列車得以從祖國的東南一路疾馳到西北，十一個小時，跨過丘陵，越過平原，駛向黃土高坡。

月臺上人潮熙攘，車廂內賓朋滿座。年近五十的郭俊奇如旅客般坐在客艙中並不顯眼，但他時刻留心著旅客們初次體驗寶蘭高鐵的評價。

「中午在西安吃羊肉泡饃，晚上到蘭州來碗正宗的牛肉麵。」「想坐寶蘭高鐵得提前買票，站兩小時體驗一下也行。」顯然，郭俊奇對寶蘭高鐵開通一個月來105％以上「爆滿」的客座率相當滿意。

從廣州到蘭州由原來的兩天兩夜縮短至如今的十‧五個小時，從寶雞到蘭州由現在的六小時縮短至兩小時，從西安至蘭州由八小時縮短至三小時，在以前，這樣的時間和速度對幹鐵路幹了半輩子的郭俊奇來說，「那真是不可想像」。

作爲「家門口」的專案，寶蘭高鐵對中鐵一院的建設者而言有著特殊的情感，從前期準備工作到開工建設，整整用了十年時間。

十年，爲讓陝甘地區的老百姓能夠共用高鐵帶來的便捷，三十餘萬建設者爲之付出了很多的汗水和心血，他們在駝鈴響起的絲綢之路上，建設起長約四百‧六公里的鋼鐵之路，讓國人的「世界越來越小，朋友圈卻越來越大」。

地質攻堅

寶蘭高鐵所經的中國西北咽喉地區，是個大的「地質博物館」。滑坡、泥石流、洪災、崩塌、錯落、極端天氣等所有的不良地質與不利因素都能在這裡遇見。

「黃土濕陷性最強、滑坡地質災害最嚴重、黃土陷穴最爲發育、線路通過的泥岩砂岩段最長，所處地震帶最強。」郭俊奇用「四最一強」來形容線路所經區域的複雜情況。

可想而知，寶蘭高鐵的建設任務異常艱巨。在初期籌備工作中，「線路選址」成爲整個工程首當其衝的重要任務。天水－秦安地區被稱爲「中國滑坡之鄉」，線路經過區域滑坡總長達六十公里。能否妥善解決好這一複雜多變的地質難題，是決定整個工程成敗的關鍵所在。

爲此，中鐵一院成立了技術專家組，全程爲專案「把脈會診」，一百二十餘名專業技術人員常駐現場，大範圍利用航衛片遙感判釋、地質調繪、物理勘探、原位測試、鑽探、挖探以及室內試驗等地質綜合勘察方法進行野外勘察。

可以說，寶蘭高鐵的線路是被這些「探路先鋒」踩出來的。

「從寶雞到天水段的公路經常堵車，這樣的事在勘測期間基本上天天都能遇著，少則堵上幾個鐘頭，多則堵上一整天。」談起勘測期間無處不在的惡劣交通狀況，中鐵一院寶蘭高鐵地質專業負責人張喆記憶猶新，「爲了避免被堵在路上，從隊伍進入現場勘測，我們常常

中鐵一院技術專家組充分發揚「青藏鐵路尖兵精神」，為優質高效完成寶蘭客專勘測任務提供技術支援

把車開下便道，幾乎每過幾天就要在這『能把腸胃給顛出來』的道路上往返一個來回，如果遇到路不通的地方，大家就下車步行到目的地開展野外調查」。

張喆還說道，由於較差的路況，同事們在野外調查中吃了不少苦頭。但這些都不算什麼，鐵路經過區域複雜多變的地質條件、線路引入蘭州樞紐等問題，才是真正的攔路虎。對中鐵一院技術人員而言，寶蘭客專的現場勘察設計工作是一場不折不扣的硬仗。

現場勘測期間，專業人員每天都工作到深夜，一天最多只能休息三四個小時。由於受環保、地方規劃等很多客觀原因影響，線路方案一改再改，一百多公里的線路長度範圍內，前後僅方案就做了一百多個。

勘測隊員中有小夥子，也有女戰友。李顯偉是水文地質專業的技術負責人，作為為數不多的女同志，她每天跟男同志一起翻山越嶺做調查、採集水樣。一次工作中，李顯偉因心肌炎突然暈倒，但她不顧旁人的勸說，不想因為個人原因而影響整體工作進度，依然帶病堅持

工作。

　　羅豔是中鐵一院屈指可數的女總體設計師，年過五十的她愣是和小夥子們一起在一線「拼死拼活」，通宵達旦。

　　張喆笑著說，工期緊張得使他們從來不記得今天是星期幾，只記得離交方案還剩幾天。

　　最終，勘測技術人員共完成各類比較方案研究約三千兩百五十六公里，完成各類方案專業踏勘及調查一千餘公里。技術專家組通過綜合比選和優化組合，提出了經濟合理、技術條件可行的線路方案，並且一次性得到通過，使得線路基本避開了大部分滑坡位置，實在無法繞避則選擇在滑坡下部滑面以下以隧道工程通過，爲寶蘭高鐵順利建成奠定了堅實基礎。

隧道克難

　　王新東是寶蘭高鐵副總設計師、隧道專業負責人，郭俊奇評價他是個「抗壓能力極強的硬漢」。

　　寶蘭高鐵線路全長四百‧六公里，橋隧占比高達93％。據王新東介紹，寶蘭高鐵隧道以軟岩地質爲主，施工中發生變形、塌方的安全風險極高。其中天水至蘭州段「四最一強」的複雜地域條件，導致存

王新東在隧道內
進行CPII觀測技
術講解

在高含水率黃土隧道施工變形大、掌子面易坍塌失穩、基礎承載力低以及濕陷性黃土基礎處理難度大等多項技術難題，隧道施工難度極大，風險極高。

剛接到任務時，工期壓力、建設壓力、安全壓力，讓王新東覺得幹這活「很痛苦」。在建設的高潮時期，他常年在外不怎麼回家，和同事們吃住在工地，一天二十四小時隨時待命，每個作業面出問題就必須立刻開車一路「顛著」趕往現場。王新東總說：「沒辦法，咬著牙死扛吧！」

在寶蘭高鐵設計過程中，全線隧道均採用了圍岩監控量測信息化管理系統，由全站儀採集數據，運用互聯網並通過藍牙技術上傳到後臺，後臺專家系統即時分析得出結論並向客戶終端推送，業主、監理、施工等相關人員用電腦或手機可以即時查看。

王新東說：「隧道施工中發生坍塌，有時是無法避免的，但及時觀測到圍岩變化，能最大限度地保證人員安全。」二〇一三年九月五日，圍岩監控量測信息化管理系統在寶蘭高鐵投入使用，僅僅半個月，就見到效果。

寶蘭高鐵魏家嘴隧道進口的「圍岩監控量測信息化管理系統」發出紅色警報——系統數據顯示隧道一處拱頂圍岩變化超出十毫米的紅色預警設定值，根據預警信息和現場情況，施工方立即撤出施工人員，五小時後，掌子面塌方……

「要是按傳統方式量測，很可能會耽誤撤離時間，造成人員傷亡。現在有了這套監測系統，大大降低了隧道施工風險，提高了安全生產率。」王新東說。

二〇一七年一月，寶蘭高鐵全線七十一座隧道全部順利貫通。據統計，在四年多的建設期，這套系統至少預防了五起可能造成人員傷亡的較大安全事故，全線隧道施工未發生人員死亡事故。如今，這套系統被全面推廣使用，大大提升了我國隧道安全施工的水準。

所有的鑽探數據勘測人員都要一一核查數據，為選線提供扎實的數據基礎

綠色創新

　　寶蘭高鐵，從西安出發，沿著古絲綢之路的方向一路向西，沿線連起太白山的雲山霧罩，雄奇的北國山川，領略距今八千三百多年前的新石器時代文化遺存的厚重，「百里黃河風情線」的雄渾壯麗，感受「大漠孤煙直、長河落日圓」的西部勝景。

　　針對沿線自然環境複雜、不良地質多發，以及線路大部分穿行於山區的現狀，中鐵一院在寶蘭客專的設計過程中，將高鐵工程建設與環境保護統籌考慮。

　　東岔車站是寶蘭客專全線唯一一個橋上車站，該站位於寶雞至天水間的秦嶺腹地，這裡山高坡陡、溝谷深切，地勢險峻。

　　「之所以在此設站，不僅出於鐵路運營、養護維修、防災救援的考慮，也有將大自然險峻風光展示於乘客的願景。」郭俊奇介紹，由於設站條件極差，如果整個車站按路基形式設置，不僅會影響到溝谷

的排洪，帶來很大的安全風險，還將大量佔用林地，影響秦嶺原始的自然風貌，因此採用了設置高架橋車站的方案，此舉不僅大量節約了土地，還盡可能地降低了對環境的影響。

隧道建設，免不了產生大量渣土。寶蘭客專隧道占比大，隧道出渣量達到三千八百一十五萬方。設計中，中鐵一院通過合理調配，制定了優先綜合利用的原則，全線共設置一百二十七處棄渣場，對隧道開挖產生的棄渣，採取分段集中設置，並採取復耕和綠化措施，車站和鐵路路基全部進行了綠化，使環境保護與工程建設協調發展。

根據中鐵一院環保專業設計負責人邵明耀提供的數據，在整個設計過程中，中鐵一院通過棄土和棄渣造地兩百零八萬平方米、造林四十二萬平方米，栽種各種喬木和灌木近一百萬株、植草八十三萬平方米，不僅妥善處置了棄土和棄渣，而且增加了林草覆蓋率，為乾涸的黃土高原播下一片充滿希望的綠色。

「從目前的情況看，我們十年的努力沒有白費，它的經濟和社會效益都超過了我們的想像。」郭俊奇說，十年來，不變的是寶蘭高鐵

中鐵一院環保專業設計組在研究線路

建設隊伍的團結堅守，改變的是這批建設者中從青春到成熟的歲歲年年。

　　建設者王維，捨小家為大家。畢業三年便來到寶蘭高鐵工作，離家有二十分鐘的車程，他卻因工作常常回不了家。

　　房屋工程師樊軼江，不計得失顧全大局。工程進行中，難活累活搶著幹，別人不願意幹的工作他總是第一個衝在前面。

　　……

　　「幹一個項目，就要脫一層皮，像蛇一樣蛻變和成長。」在王新東看來，是寶蘭高鐵培養和造就了一批批敢於擔當、善打硬仗的中鐵一院人，在繼續向前的發展中，每個人都感到與有榮焉。

劉　波

動車醫師，守護中國速度

23. 劉　波：維護動車安全是崇高的事業

　　劉波，全國鐵路首席技師、青島動車段的路局勞模、全國技術能手、國務院高技能人才政府特殊津貼獲得者。他撰寫了《CRH系列動車組應急故障處理手冊》，研發的「劉波動車故障診斷法」被評為全路黨內優質品牌。二〇一三年十一月，青島動車段以他的名字命名，成立了「劉波動車技術創新工作室」。

「我是在鐵路邊長大的」

　　劉波出生於一個鐵路工人家庭，他的父親也是青島車輛段的一名檢修工。家庭的影響使劉波從小就對鐵路、對火車產生了強烈的興趣與感情。

　　「我從小就生活在鐵路旁，是看著鐵路長大的。小學上的是鐵路小學，中學上的也是鐵路中學，可以說我這輩子到目前為止都沒有離開過鐵路。」劉波自豪地說。

　　劉波至今還能想起上小學時，每天看到火車過鐵路時快樂興奮的場景。因為學校離車輛段很近，他的父親用自行車帶他到單位門口後，由他自己步行去上學。每當這個時候，劉波總要在車輛段門口逗留一會兒，他喜歡看火車鳴著汽笛開回站場或者從站場裡緩緩駛出的樣子，隨著「哢嚓哢嚓」的鋼軌碾壓聲，火車越跑越快，那一刻，他也會不由自主地跟隨著火車奔跑起來，直到氣喘吁吁。

　　劉波說：「想想那時候真是快樂，每天放學後可以跟著火車奔跑，可以與小夥伴們在鐵道邊追逐，沿著鐵道邊的小路回到鐵道邊的家。」

「得到和付出成正比」

一九九一年十二月，劉波成為了一名檢車員。

「我剛工作時，幹的是列車檢修，去車輛段上班的第一天，父親便對我說：『你要好好幹，不要給我丟人。』」劉波牢牢地記住了父親的叮囑。

面對人生中的第一份工作，他深深地感受到自己在上學時學到的那點知識，根本不能適應工作的需求。於是他勤學苦練，不懂就問，踏踏實實，很快就掌握了相關的技術。

一九九五年一月，劉波轉崗為車電員，開始從事空調發電車的檢修工作。雖然具有前幾年通過自學和實踐積累的一些有關電器學方面的經驗，但當他從領導手裡接過德國進口的MTU發電機組電路圖時，他瞬間感到力不從心：「我當時就感覺腦袋一下就脹了，兩眼發懵，真是無從下手。那時候，我才真切地體會到，現實工作的要求與我所學知識的距離之差有多麼大。」

但從小就敢「啃硬骨頭」的劉波沒有因此而退縮。他靜下心來，開始日夜不停地埋頭苦學，深鑽細研，抓緊每分每秒的時間向有經驗的同事請教，每一條電路、每一個模組他都不放過。隨著業務技能的

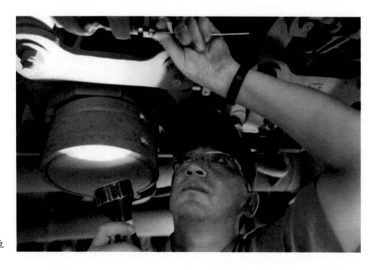

劉波在檢修列車

逐漸熟練，劉波得到了車間的重用，從二〇〇〇年四月開始，他先後擔任空調發電車乘務長、乘務隊隊長等重要職位。從此，他的幹勁更大了，對自己的要求也更高了。

二〇〇七年，劉波又主動申請從空調列車轉崗到動車組。

「我當時轉動車時已經三十六歲，是普速列車的乘務隊長，手下管理著一百多人，也取得了一定成績。但如果轉到動車組，那可以說是『一窮二白』，沒有任何經驗，我當時也下了很大的決心。」劉波告訴記者。

面對困難，劉波沒有退縮，憑著孜孜不倦的學習勁頭和勇於擔當的精神，短短幾個月，劉波就成為濟南車輛段青島動車所技術上的頂樑柱，並且迅速從隨車機械師隊伍中脫穎而出。二〇〇七年十一月底，他被提拔為隨車機械師隊長。二〇〇八年秋，他代表濟南鐵路局參加了全路職業技能大賽，一舉奪得CRH2型動車組第二名的好成績，並被授予「全國技術能手」稱號，同時獲得「火車頭獎章」。載譽歸來後，他被提拔為青島動車所作業組主任，負責對機械師的技術管理工作，在這個崗位上幹了兩年多，二〇一一年十一月青島動車段成立，他被任命為青島動車所掛職副所長，直到二〇一五年十月青島動車段成立110應急指揮中心，他一直在青島動車所副所長的崗位上勤勤懇懇、任勞任怨地工作著。

「我堅信，得到和付出是成正比的。一個人想要取得成績，必須打好基礎。就像一件雕塑，底盤不穩，上面就會晃。」劉波說。

「不創新就不會發展」

二〇一三年十一月，以青島動車段全國技術能手、國務院高技能人才政府特殊津貼獲得者劉波的名字命名，成立了「劉波動車技術創新工作室」，選拔了九名從事動車組檢修工作的業務骨幹。在劉波的帶領下，他們積極開展技術攻關和人才培訓工作，取得了明顯的成效，該工作室於二〇一六年五月被鐵路局授牌命名為「劉波勞模創新

劉波（左二）與同事一起學習文件

工作室」。

　　「劉波動車技術創新工作室」成立後，他們及時制訂了近、遠期的目標任務，緊緊圍繞以確保動車組安全為中心，以儘快掌握動車組高精技術為目標開展各項技術攻關。工作室堅持每天早交班後一小時集中學習討論，成員們利用這個時間共同交流、碰撞，初步確立了建立以快速掌握車下看車流程和檢修重點為目的的「動車組車下看車語音指揮系統」，和以提高動車組隨車機械師和動車組應急故障110遠端指揮人員能力為目的的「380A AL型動車組應急指揮故障平臺系統」。

　　目前，劉波和他的同事們圍繞著這兩個課題開展了一系列有針對性的工作，他們各負其責，上車頂、鑽地溝檢修，跟車添乘積累經驗，經過多方面地試驗，現在已經順利完成這兩項課題並將系統投入應用，取得了較好的預期效果。其中前一個課題，已於二〇一四年榮獲路局合理化建議二等獎。劉波還帶領工作室編寫了《CRH系列動車組故障處理手冊》，並在《濟鐵科技》雜誌發表《CRH2型動車組

制動不緩解》、《CRH2型動車組VCB不閉合》、《CRH5型動車組茶爐故障處理》等多篇論文，成爲職工學習培訓、排除設備故障的重要參考數據。

劉波表示：「創新工作室集合了青島動車段各方面比較優秀的技術人員，將他們組成一個團體，針對動車運行中產生的一系列難題進行攻關，以創新爲主，更好地保障動車運行。我認爲，不創新就不會發展。」

「維護動車安全是崇高的事業」

談起工作時，劉波總是興致勃勃，充滿激情，但當他談起自己的家庭時，爽朗的語氣中卻帶著一絲愧疚和遺憾。

「我引用我岳母的一句話吧，她經常對我說：『你還有時間陪你孩子嗎？』我的小孩今年七歲，已經上學了，我平時都沒時間管，都是我岳母和妻子輔導」。說到孩子，劉波不好意思地笑了，而說到妻子，劉波更是充滿愧疚，「我的妻子也是鐵路職工，她對我的工作比較瞭解，雖然有時候會抱怨幾句，但還是一直支援我的工作，我很感激她對我的理解和爲家庭的付出」。

說起自己對鐵路動車行業的期許和展望，劉波顯得自信而冷靜。「現在不僅我們國家的高鐵歷程發展得很快，還有很多其他國家引進我國的高鐵技術。我的心情既激動，又感到震撼，同時覺得責任也更大了，我會盡最大努力保證自己檢修過的每一列動車組的絕對安全。」同時劉波坦言，「現在鐵路檢修面臨的最大困難，是相關技術人員的技術水準滯後、經驗不足、動手能力較差，我們下一步會加強對相關人員的培訓，同時我也希望我們的年輕一代技術員可以與時俱進，增強責任心，爭取儘快滿足我國最先進鐵路的發展要求。」

「如果僅僅把維護動車安全當作一個養家糊口工作的話，那就乾脆不要幹，我一直把維護動車安全當作崇高的事業去做，也希望能爲國家鐵路事業的發展做出更多的貢獻！」劉波說。

萬　劍

隧道建設的「多面手」

24. 萬　劍：我在吉隆坡建東方隧道

　　二〇一八年農曆春節，有一群中國人在「一帶一路」沿線國家馬來西亞的首都吉隆坡建東方隧道。

　　二〇一六年七月四日，中國中鐵東方國際集團承接馬來西亞地鐵MRT二號線地下段C標段專案。項目全長二‧二二公里，兩站兩區間。二號線全線共三十七座車站，其中三十八‧七公里爲雙線高架橋，十三‧五公里爲地下雙線隧道。

　　二〇一六年七月二十九日，中國中鐵馬來西亞專案員工在吉隆坡開始了爲期六十五個月的海外工程。這已經是中國工程師在吉隆坡建設的第二條地鐵線路了。

　　早在二〇一四年，萬劍就已經跟隨專案來到海外，建設MRT一期專案。那時，他二十七歲，已經在國內有了五年的工作經驗。但是在異國他鄉面對如此複雜的工程，萬劍和同事們還需「回爐再修煉」。

　　「作爲一個現場工程師，不僅僅只是現場技術工作，對內要與設計、採購、商務、安質等部門對接，對外要與業主、甲方設計、監理公司、政府部門對接。」萬劍說，在項目鍛煉一兩年後，每個人都成了「多面手」。

　　馬來西亞MRT一期施工審批手續繁瑣，施工困難。其次隧道穿越區域地質複雜，同時穿越一個輕軌站，要時刻關注既有的地面及建築安全。車站緊臨馬來西亞國家博物館，施工產生的震動和水位下降等變化，都會對百年建築的安全產生威脅。

　　專案位於城市主幹道上，歷經五次交通導改才能順利完期。「什麼時候開始，什麼時候結束，工期都要嚴格遵守批准時間。」萬劍介紹，吉隆坡屬於熱帶雨林氣候，常年氣候溫暖，日照充足，尤其是在

中國中鐵馬來西亞項目團隊在吉隆坡向全國人民拜年

夏天，日均氣溫高，幾乎每天都會有降雨天氣，從早八點到晚六點，一天有效的施工時間僅有四五個小時。

留給萬劍和同事們的時間很少。濕熱的氣候條件下做工，大家還會被蚊蟲叮咬，患上「登革熱」等傳染病。但為了保質保量如期交工，大家必須克服種種困難，在緊迫的時間中加班加點。

針對地質複雜的情況，中國中鐵也大膽地首次使用由中鐵裝備製造的土壓平衡盾構機和有軌運輸系統，並且在施工中採用雙液漿回填盾構尾部管片和圍岩空隙技術。憑藉著「勇於跨越，追求卓越」的工匠精神，順利完成掘進，贏得了各方的高度讚揚。

「吉隆坡的公共交通並不發達，地鐵的建設可以極大地緩解當地的交通壓力。」在海外多年，萬劍深知，「一帶一路」不僅促進了中國與沿線國家乃至世界各國之間的相互合作，同時它也帶動了中外產能合作的加快推進，周邊互聯互通網路逐步完善，提升了中國在國際上的影響力，為中國企業提供了廣闊的海外市場。

二○一七年八月，萬劍進入MRT二期專案工作，任專案南口工區工區主任，主要負責南口工區的整體規劃及後續施工，在任職工區主任期間，萬劍利用有限的資源，克服場地狹小、地下管線未改移、

介面複雜等外界因素，積極與業主和政府單位溝通協調，在短暫的時間內理清工作頭緒，打開工作局面，得到領導和業主單位的一致認可。

　　二〇一八年春節，公司為所有堅守在崗位的員工舉辦了新年聚餐。萬劍說：「在新的一年我首先要向我的愛人致歉，因為在她懷孕期間，正是工作任務比較忙的時候，孩子馬上就要出生，我一直都沒有太多時間好好陪伴她、照顧她。另外一個就是我的姥爺，年前生病一直住院，在他生病期間，我也沒有時間回去看望，心裡十分愧疚。」二〇一九年，萬劍希望團隊在海外順利完成任務，所有人都能身體健康，平平安安。

萬劍（左一）正在施工現場

鄭新龍

推動海洋輸電技術提升，助力海洋強國建設

25. 鄭新龍：把海洋輸電科研之脈，
強中國電網發展之基

二〇一八年八月二十日，歷時一年半的世界首條500千伏交聯聚乙烯海底電纜預鑒定試驗，在國家電網海洋輸電工程技術實驗室順利完成，標誌著該型號海底電纜可以正式投入使用並徹底實現國產化。

作為海底電纜試驗團隊的負責人，從二〇〇九年加入國網舟山供電公司到現在，鄭新龍已經在海洋輸電工程技術研究和開發應用一線工作了近十年。

在這十年時間裡，面對國內海洋輸電領域研究空白的現狀，鄭新龍參與組建了海洋輸電工程技術科技攻關團隊，負責過多項海底電纜的國內首試，改變了我國在相關領域缺乏系統性研究的局面，在跨海輸電工程設計、高壓試驗研究，運維監測和標準化體系建設等方面填補了多項國內空白。

憑藉在海洋輸電領域的科研成就，鄭新龍先後獲得中國電力科技進步獎、浙江省科學技術進步獎等諸多獎項，獲授權發明專利七項，發表論文四十餘篇，被評選為二〇一六至二〇一七年度「全國青年崗位能手標兵」。

建設海洋輸電試驗研究基地，邁出「創業」第一步

在建設海洋強國的道路上，能源供給是一項非常重要的工程。浙江省舟山市東臨東海，西靠杭州灣，島嶼眾多，海上風力資源豐富。但是海上風力發電依靠自然風，不僅不能提供穩定的電能，如何長距離傳輸到陸地並接入電網也成問題。

「其實，歐洲在二十世紀九〇年代就開始輕型直流的研究與實

踐，也就是國內現在流行的柔性直流。」鄭新龍說，「我們在二○一○年就與當時的中國電力科學研究院直流團隊，一起開展了海島地區實施柔性直流可行性的前期研究工作，為舟山柔性直流輸電示範工程建設奠定了基礎。」

　　柔性直流輸電工程的建設，首先要有相應的海底電纜。鄭新龍回憶道：「那個時候上海有一個柔性直流項目，用的是30千伏的直流電纜。這個電壓等級的產品，與我們需要的200千伏柔性直流高壓海底電纜是有差異的。」

　　二○一二年初，當國網公司準備立項進行多端柔性直流輸電工程建設的時候，國內僅有上海電纜研究所在配合電纜廠家開發160千伏的直流電纜相關試驗。「超高壓海底電纜從設計生產到投入使用，需要長時間的型式試驗和預鑒定試驗來測定其性能和使用壽命。當時我

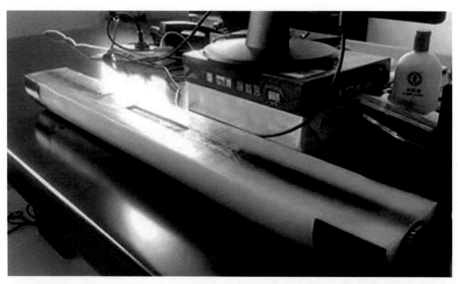

在鄭新龍的辦公桌上，放著半根表面泛黃的220千伏海底電纜工廠接頭（部分）實物模型，泛黃的部分是海底電纜的絕緣層，是保證海底電纜絕緣性能的核心層。鄭新龍表示，六根這個型號的海底電纜輸送的電能，就可以支撐起整個舟山市一百多萬人口的全部生產生活用電。在鄭新龍的辦公桌上，放著半根表面泛黃的220千伏海底電纜工廠接頭（部分）實物模型，泛黃的部分是海底電纜的絕緣層，是保證海底電纜絕緣性能的核心層。鄭新龍表示，六根這個型號的海底電纜輸送的電能，就可以支撐起整個舟山市一百多萬人口的全部生產生活用電。

們定位是500千伏,當然首先確保200千伏,為我國500千伏交直流海底電纜開發、工程建設與試驗服務。」鄭新龍介紹。

在鄭新龍團隊的堅持和努力下,國網公司在舟山建設柔直配套試驗能力,這也是目前國內唯一專業從事海洋輸電工程技術研究的實驗基地。

秉承「攀高峰、接地氣」的創新理念

海洋輸電實驗基地建成之後,鄭新龍和他的團隊面臨的第一個挑戰,就是世界第一個五端柔性直流輸電工程所用的海底電纜的預鑒定試驗。

作為考核電纜長期性能的預鑒定試驗極為重要,在國內尚無標準的情況下,鄭新龍組織建立了柔性直流電纜試驗場,編製了直流電纜試驗方案,首次在國內開展了200千伏直流電纜預鑒定試驗工作。

「長達五十多公里的電纜在現場試驗,其實我們也沒幹過,但是第一次幹還挺成功的。」回憶起這次特殊的試驗,鄭新龍語氣很輕鬆。但這麼大容量電纜的直流耐壓試驗在國內是第一次,其中艱辛,怕是只有他們自己知道。

五十多公里的電纜在現場試驗結束之後,整個電纜絕緣裡面存儲

二〇一四年,舟山五端柔性直流輸電工程海底電纜施工船正在作業

的能量仍然非常大。為了在短時間內安全釋放掉這些電荷，鄭新龍想出了一個階梯放電的方案：「我們多次給它替換電阻，最後電壓變得很小的時候，就放電成功了。」

試驗成功之後的直流電纜目前已經投入使用，連接在舟山定海、岱山、衢山、洋山、泗礁五座島嶼之間，保障了各島供電的高效穩定。

最近，鄭新龍和他的團隊剛剛完成了世界首批500千伏交聯聚乙烯海底電纜預鑒定試驗，意味著該型號海底電纜能夠正式投入使用。

「當時該試驗是國內首批，沒有先例可以借鑒。」沒有前人經驗，那就自己沉下心來摸索。在上級公司的指導協調下，他和中國電力科學研究院檢測中心同行一起制定了試驗方案，雙方同步開展試驗、相互印證，取得了良好的試驗效果。「摸著石頭過河」與「聯合作戰」對鄭新龍來說已經習以為常。

「預鑒定試驗的熱循環耐壓需要連續三百六十五天不停電進行試驗，都是在我們的試驗場裡完成的，尤其是之後要對這條一百七十米長的海底電纜開展雷電衝擊試驗，對這麼長的500千伏電纜調試標準的雷電波形應該是沒有先例的。」鄭新龍帶領試驗團隊提出試驗方案，檢測了海底電纜系統絕緣性能、附件絕緣性能、絕緣配合性能等五方面性能。

鄭新龍對國內外海洋輸電工程如數家珍

鄭新龍與同事監測海底電纜試驗情況海底電纜施工船正在作業

開展國內首批500千伏交聯聚乙烯海底電纜型式試驗的時候，因為缺乏在同一個遮罩廳開展多條如此高電壓等級海底電纜局放試驗的經驗，為了利用晚間干擾少的條件，抓緊時間試驗，得出可靠的數據，鄭新龍不知道在辦公室和衣而臥多少次，試驗團隊的同事們也經常加班，日夜鏖戰，大大縮短了試驗時間。

在國內尚無可以滿足長達十八公里的500千伏海底電纜現場試驗需求的情況下，鄭新龍所在的團隊牽頭，與設備廠家合作，成功研製出了世界最大容量的變頻串聯諧振電壓試驗裝置，打破了國外試驗設備和技術的壟斷，並成功應用於世界首次十八公里500千伏交聯聚乙烯絕緣海底電纜出廠試驗，為海底電纜系統的可靠運行提供技術保障。

「我們做完預鑒定試驗之後，設備廠家馬上就賣出了一套設備。」鄭新龍現在對國產設備充滿了信心。

通過試驗的國產500千伏交聯聚乙烯海底電纜，將首先應用於500千伏舟山與陸地聯網工程中，建成後將成為世界上第一個交流500千伏聚乙烯絕緣海底電纜工程。

團結協作，將關鍵技術掌握在自己手裡

儘管在海洋輸電領域工作了近十年，除了海底電纜試驗，還完成了很多科研課題，也拿過許多獎項和榮譽，但是鄭新龍仍覺得自己「積累的還不夠，有很多想幹的事情還遠遠沒有做到」。

「開始做一件事不容易，堅持做一件事更不容易。」鄭新龍與團隊裡的許多成員一樣，都是一畢業就來到舟山，參與海洋輸電試驗研究的相關工作。

「我們團隊大家年齡相似，多年下來，大家都配合默契，遇到問題集思廣益，加班加點也從不抱怨，對待榮譽也都比較謙虛。正是在這樣團結和諧的團隊氛圍下，每個人才更有信心把工作堅持做下去。」鄭新龍說，「雖然試驗大廳配備了可以降溫的新風系統，為了

減少干擾，有的試驗過程中我們是不開的。夏天在試驗大廳站幾分鐘就大汗淋漓，但是我的同事們都沒有怨言。正是靠著這種執著，才攻克了一項項工程難題，推動了我國海洋輸電技術的整體提升，在國家重點科研任務和重大工程建設中不斷取得突破」。

二十一世紀是海洋的世紀。習近平總書記在黨的十九大報告中明確要求「堅持陸海統籌，加快建設海洋強國」，為建設海洋強國再一次吹響了號角。我國是海洋大國，海洋經濟發展和海洋資源開發，對能源供給保障提出了極大的需求。海洋輸電對我國破解能源困局、統籌陸海發展，做大做深海洋經濟具有深遠的戰略意義。

鄭新龍表示：「建設海洋強國，保障電力供應，需要我們在工作過程中做長遠規劃，同時還需要我們腳踏實地，一步一步做好鋪墊，讓我們的關鍵核心技術掌握在自己手裡，實現從技術跟蹤到引領，站上相關領域的科技制高點。」

張文森

為港珠澳大橋構築「海底大動脈」

26. 張文森：駐守孤島，用汗水鑄就世紀工程

「人生自古誰無死？留取丹心照汗青。」七百多年前，愛國詩人文天祥曾路過碧波萬頃的伶仃洋水域，寫下名垂後世的不朽詩篇。而如今，有這樣一群年輕人，孤島駐守兩千五百多個日夜，用自己的青春和熱血構築起「世紀夢工廠」，在伶仃洋海底四十三米水深以下的地方，建造起連接「港珠澳」三地的海底隧道。自此，伶仃洋不再「零丁」。

中交四航局港珠澳大橋島隧工程第Ⅲ工區二分區專案總工兼副經理張文森，就是這群年輕的「築夢者」之一。從五十六萬平方米的世界級廠房建設到五·六公里的海底隧道預製，張文森和同事們歷經七年奮戰，用一滴滴汗水澆築貫通三地的跨海通道，用一個個精品展現中國「智」造的強勁實力。

孤島拓荒者：十四個月造就「世紀工程」的奇蹟

二〇一一年，作為最早的一批建設者，張文森和同事們來到位於伶仃洋南端的一座島嶼上。他至今還記得第一次登上牛頭島時的場景，那是一座四面環海的孤島，沒有水電、沒有通訊，甚至沒有道路，與世隔絕的荒涼感是他對這裡的第一印象。

一開始到這樣一個遠離陸地的孤島上，張文森的心裡不是沒有落差的。「但是在後來十四個月的建設過程中，看到島上一點點地變化，現代化的預製工廠雛形慢慢形成，內心還是挺自豪的。」張文森說。

沒有水電和通訊，沉管預製廠房的建設條件一開始就十分艱苦，

張文森（前排左七）和港珠澳大橋島隧工程項目團隊的同事們在一起

但是這群年輕人卻克服種種困難，櫛風沐雨只為完成施工任務。背上工具袋，裡面放著圖紙和記錄本，再加上一個軍用水壺，他們在施工現場一待就是一整天。因為要趕工期，許多人待到半夜才回去休息。

島上日照充足、光線強烈，而且基本上沒有遮陰的地方，身處施工現場的他們經常接受陽光暴曬的「洗禮」。「我們這些人都有一個特點，那就是脫下安全帽之後，帽帶遮蓋的位置特別白。」張文森說，「不是因為大家皮膚白，而是其他部分都曬得很黑，就形成了鮮明的對比」。

艱辛地付出終得回報——把荒蕪的孤島建設成為世界上最大的沉管預製廠，張文森和他的同事們只用了十四個月的時間。「現在回想起來都覺得有些不可思議。」張文森自豪地說道，「這就是中國製造的速度和力量，也是中國制度的優越性，這種速度在歐美發達國家幾乎不可能實現」。

大國重器「智」造者：為世紀工程構築「海底大動脈」

港珠澳大橋是世界上規模最大、標準最高、技術最先進的跨海大

張文森（左六）和同事們在一起

橋，被稱為「當代世界七大奇蹟之一」。島隧建設是其關鍵性工程，而沉管則是島隧的關鍵組成部分。

為保證深海沉管一百二十年的使用壽命，港珠澳大橋島隧工程項目團隊採用「工廠法」預製，在沒有任何經驗可借鑒的情況下，最終生產三十三節「零裂縫」的超級沉管。

這些預製管道每節長一百八十米，重達八萬噸，生產完成後還需要將它們從陸地轉移到水下。「但是這些管道太重了，堪比『遼寧號』航空母艦的重量。」張文森說，「根本不可能有任何起重設備，能把這些管節吊起來」。

為了解決這一難題，他們應用科學方法進行操作，先將管節臨時封閉，再讓沉管四周形成一個臨時性的封閉船塢，然後往塢裡面灌水，最終使它能夠像潛艇一樣漂浮起來，再橫移至深塢區寄存。

整個灌水過程需要七十多個小時，員工們要時刻蹲守現場，檢查管節是否存在滲漏，觀察和監測船塢結構的穩定性。「尤其是在塢門止水結構上，如果出現哪怕一點點破壞，就會發生類似於水壩坍塌的

現象，造成不可挽回的災難。」張文森說，因爲處於水下，管節中十分悶熱，空氣也不流通。但是爲了保證管節施工的安全品質，他們每次都要攜帶強光手電筒進入管節中排查。

實在睏了、累了就坐在石頭上眯一會兒，餓了就拿一塊麵包啃一啃。就這樣，張文森和同事們持續奮鬥了三天三夜，順利地把管節從陸地轉移到水下，並最終完成全程五‧六公里的海底隧道沉管預製工作，在伶仃洋中「插入」連接「港珠澳」三地的「海底大動脈」。

四海為家的遊子：遠離「小家」只為祖國「大家」

工程領域的建設者經常四海爲家，缺乏照顧家庭和陪伴親人的時間。在港珠澳大橋島隧工程建設的七年時間裡，張文森最忙的時候曾連續四個月待在島上沒有回過家。

妻子懷孕期間，他因爲忙於工程建設無法陪伴其左右。等到臨產時，妻子給張文森打電話希望他馬上回到身邊。「她爲了嫁給我從外地到我們老家這樣一個陌生的城市，我能理解在這種關鍵時刻，她希望自己的丈夫能陪伴在身邊的心情。」但是當時他因重要的工作無法抽身，只能安慰妻子說自己會儘早趕回去。

等到第二天傍晚，張文森將手頭工作忙完後，立馬請假趕上最後一艘客船回到陸地，再轉兩趟高鐵和一趟班車往老家趕。「我很想能夠在孩子出生時的第一時間陪伴在她身邊，特別希望能夠立馬出現在產房。」一直到第三天早上孩子出生的時候，張文森還在歸家途中的大巴車上。

通過電話得知孩子出生的消息，張文森內心十分激動，拖著行李直接奔向了醫院。「她醒來就很生氣地問我什麼時候到的。」張文森說，自己趕到的時候妻子還處於麻醉狀態，爲了哄她開心，他只好說自己是看著她和孩子從產房出來的。張文森說：「後來她還是知道了我並沒有趕上孩子出生的時刻，心裡還是有一些埋怨的。」

張文森和家人的合影

　　作為祖國的工程建設者，張文森的工作地點並不十分穩定，可以說是四海為家。「在家庭的日常生活中我沒有起到任何作用，也幫不上什麼忙。」為了照顧家庭，張文森的妻子辭去工作，獨自在家照顧孩子。

　　「就連當初結婚的整個準備過程都是她從裡忙到外，我因為一直在工地上沒辦法做什麼，直到婚禮的前一天才下島趕去參加第二天的婚禮，第四天因為工作的關係又回到了島上。」張文森說，妻子有時候也會抱怨，沒有婚紗照，每次過節的時候丈夫都不在身邊。「但是這麼多年過去了，她也開始慢慢地習慣和理解。」張文森說。

　　除了對妻子的愧疚，無法在孩子的成長期陪伴其左右，也是令張文森感到非常遺憾的一件事情。大女兒晨穎現在已經上小學了，每天早上七點鐘左右，他都會跟女兒通電話。「早餐要吃飽，上學路上要注意安全，在學校要認真聽講。」張文森說，自己每次都會像個老人似的嘮叨幾句，但時間不會很長，「因為孩子有時候也會覺得煩」。

　　無法像普通人一樣享受家庭生活，陪伴孩子成長，張文森覺得有

些遺憾。「但是想到能夠在全國各地為祖國的基礎設施建設奉獻自己的力量，我就覺得所從事的事業是非常有意義的。每次帶家人出行的時候，如果看到自己參建的專案，我都會很自豪地向他們介紹！」張文森自豪地說。

尹 玉

築夢中國之盾，守護祖國大地

27. 尹　玉：鑄造國之重器，
讓中國雷達穩站世界第一梯隊

　　從喜馬拉雅山脈世界上海拔最高的「甘巴拉英雄雷達站」（海拔5374米），到南沙群島的大型監視雷達，國之重器「三軍之眼」布下天羅地網，默默守護著祖國每一寸土地的安全穩定。

　　習近平總書記強調，眞正的大國重器，一定要掌握在自己手裡。核心技術、關鍵技術，化緣是化不來的，要靠自己拼搏。而這一目標的實現，離不開千千萬萬科技工作者——尤其是國防科技工作者的攻堅克難和艱辛付出，中國電子科技集團公司第38研究所（以下簡稱38所）雷達結構設計師尹玉就是其中的一員。

　　「設計世界上最先進的雷達，幹驚天動地事，做隱姓埋名人，築夢中國之盾，守護祖國大地的安寧祥和。」作爲新時代的青年國防科技工作者，尹玉將以引領國家實體空間安全的智慧感知爲己任，在主動攻克難題中不斷創新，爲打造新時代大國重器而奮鬥著。

夢想：苦練內功開啟全新征程

　　尹玉生於一九九四年，二〇一六年碩士畢業於北京航空航太大學航空宇航製造工程專業，站在人生的十字路口，面臨多重就業選擇的他，毅然決然回到家鄉安徽，走進38所。

　　「我本科、研究生期間學的都是和飛機、導彈設計製造相關的專業，現在從事的工作卻是雷達設計，而雷達的一部分功能是用來探測這些目標的。」說起自己的職業選擇，尹玉直言有點戲劇性。

　　尹玉是個喜歡不斷挑戰自我的人，憑著對雷達設計的一腔熱愛，初出茅廬的他鉚足了幹勁，在全新領域開始了科技研究之路。剛開始

工作那段時期，他會從圖書館、同事那裡借來大量雷達相關的書籍和數據，利用業餘時間研讀，並積極向他人請教。

尹玉的刻苦努力，領導都看在眼裡，認為他是個好苗子，便有意識地多給他專案、壓擔子。短短兩年多的時間，他從最「簡單」的晶片佈局和板卡外掛程式設計開始，到現在已經熟練掌握模組至系統整機的研發設計，並先後承擔了重點型號和課題研製任務二十餘項。

「我參加工作的第一年就去了六次新疆，進行產品測試調試，做一些實驗。」二〇一六年八月，某新型雷達作為我軍下一代主戰裝備預研專案「亮劍」新疆某戈壁灘執行檢飛試驗任務，尹玉主動請纓，放棄原本規劃好的高溫假，遠赴大漠戈壁磨練自己。

清晨，天剛濛濛亮，尹玉一行就從駐地驅車前往大漠深處的雷達陣地。一到中午，驕陽似火，酷暑難耐，即便是做過一些簡單的防曬，幾周下來他的胳膊和脖子都遭遇到了不同程度的曬傷。

尹玉（左）和同事討論圖紙

「我們午飯一般吃盒飯和泡麵充饑，每次一陣風吹過，米飯裡會飄進好多沙子。」尹玉苦笑著說，大漠戈壁中的空氣中有很多沙塵，在外面待一會再回屋裡洗臉，能洗掉一層「泥」。

在新疆工作雖然十分忙碌、艱苦，但是尹玉也會忙裡偷閒，日落時分靜靜感受絲絲微風的溫柔，欣賞浩瀚大漠的廣袤無垠，對話深藍夜空中眨著眼睛的點點繁星……新疆對他而言，是苦的，更是美的。

作為國防科技工作者，連續幾個月連軸轉駐紮在偏遠山區是家常便飯，「去年九月份的一次出差，我先去了趟海南，緊接著飛去了東北，之後又直接去了新疆喀什，這三個地方連起來差不多能畫出中國境內最大的三角形。」尹玉笑著說，這次前前後後大約一個月時間的出差任務讓他印象深刻。

使命：創新進取托舉雷達強國夢

一九八八年以前，38所還坐落於貴州山區，在那裡，老一輩雷達科技工作者兢兢業業刻苦鑽研近二十年，終於自主研製出中國第一部三座標雷達，填補了中國雷達史上的一個空白。

如今，在38所新區門口的廣場上，一個巨大的雷達雕塑格外引人注目，這座取名為「使命」的雕塑，正是以中國第一部三座標雷達為原型創作的，象徵著38所以國家使命為己任，與時代同行的創新、開拓、進取精神，也激勵著包括尹玉在內的一代代38所雷達科技工作者繼往開來、續寫使命擔當，為使中國雷達穩站世界第一梯隊奮力前進。

二〇一八年六月，38所自主研製的空警－500預警機雷達，成功入選二〇一八年度「世界十大明星雷達」，這是利用先進的數位陣列雷達技術構建新一代預警機偉大設想的成功實踐，實現了「小平臺、大預警、高性能、新一代」的目標。而這一偉大成功的背後是一群年輕的設計團隊，二十四歲的尹玉就是其中的一員。

「型號攻堅的關鍵階段是一個不斷建模、反復運算、改進的優化

尹玉與38所「使命」雕塑

過程,一直到定型投產,我們不停地奔波在設計室、實驗室、試驗陣地現場和工廠一線,還需要不斷地協調設計生產的各個環節⋯⋯」回憶起空警－500預警機雷達的研製,尹玉坦言並不輕鬆,他幾乎每天都要設計十幾份圖紙,經常加班到凌晨才下班回家,而這一堅持就是三個多月。

在38所,八〇後、九〇後青年人已然是奮鬥在科研生產一線的骨幹,九〇後常被冠以的「個性」、「張狂」等標籤,並沒有在尹玉等科技工作者的身上得以體現,他說:「我身邊的九〇後同事工作起來都非常認真負責,大家都在積極思考鑽研國內外先進技術,致力於電子信息產品的創新設計工作,為下一代雷達的研發提供核心技術儲備。」

「實現強國目標,就要一代接著一代苦幹實幹。新時代的科技工

作者在科技創新前沿應當信念堅定、能成事、敢擔當，要忍得住清貧，耐得住寂寞。」尹玉說，要想真正紮根軍工行業，就要有極高的奉獻精神、責任感和使命感，每一位38所軍工人都在用自己的實際行動，生動地詮釋著「使命」的深切含義，為鑄造國之重器貢獻著青春力量。

王寶和

國防科技工業中的不老尖兵

28. 王寶和：
「不走尋常路」，與「安穩」唱反調

二〇一八年一月十五日，在陝西寶雞某山區，一位身穿軍服體型微胖的老年人正坐在一輛裝甲車裡。他手拿對講機，指揮車外的射手向自己乘坐的裝甲車射擊。一挺班用機槍此時離他不到五十米，他一聲令下，子彈便從正面打來。隨著他嘴裡發出「一發、兩發、三發……」的口令，子彈一發發打在車體和玻璃上，一共中彈四十七發。這如同電影大片的場面，正是寶雞專用汽車有限公司試驗場做裝甲車防護性能測試的現場畫面。

坐在裝甲車內的不是專門的測試員，而是該公司的董事長王寶和，此時他已年近七十了。這已經是他第三次做這樣的試驗了，在古稀之年，他還敢承擔巨大的風險，並且連防彈背心都不穿，這倔強的性格與王寶和的成長經歷有著密不可分的關係。

放棄鐵飯碗，自主創業

一九四九年出生於寶雞的王寶和，留在記憶裡最多的是生活的坎坷與艱辛——小時幾兄弟曾餓得圍在一起啃西瓜皮；十一歲為掙學費去賣冰棒，小小年紀背著沉重的冰棒箱走街串巷；作為家中長子，十五歲初中一畢業就離開學校到油氈廠當工人掙錢養家……

一九七四年王寶和到寶雞軍分區戰備動員辦公室當了一名駕駛員。從那時起，他與部隊結下了深厚的情結。一九八一年，他無意中在報紙上看到一條《敢於放棄「鐵飯碗」自主創業寫新篇》的報導，他在想，別人能做到的事情，我王寶和也應該能做到。

經過一夜的思考，王寶和決心辭職下海，從頭創業。在機關待了

幾年，王寶和也積累了一定的開車修車技術，他決定就先從個體運輸做起！他借了一萬多元買了一輛二手車，說幹就幹。憑著他獨到的眼光和吃苦耐勞的拼勁，兩年就積累了十餘萬元，然後開辦了一家汽車修理廠。王寶和為人忠厚實在，做事誠信認真，上門找他修車的人越來越多，汽修廠的生意越來越紅火。

一九八六年，他把工廠的主產轉向了中型旅行車；一九九〇年，他的工廠正式更名為「陝西寶雞專用汽車廠」，主要生產長卡車和半掛車；一九九六年，又開始轉產防彈運鈔車，成為國務院認可的全國二十一家擁有生產資格的定點企業之一。公司也隨之發展成了資產頗豐的中型民營企業。

孤注一擲，眾人反對

按理說，王寶和將企業做到這個份兒上，應該滿足了，但是王寶和卻說：「不滿足，是對事業的追求。」在機關待了七年的王寶和，內心深處一直有一個願望：「要為國防軍工事業做點事情。」

二〇〇一年美國發生了「9.11」恐怖襲擊事件，國際上各國都加大了對恐怖主義的打擊，並將反恐裝備提上了更高的層次。在此背景下，他決定將企業十年積累的四千多萬元資金全部投入裝甲車研製。此消息一出，公司的所有員工甚至是家人都強烈反對。當時，王寶和的小兒子剛從外地要回了一筆貨款，一聽到這個消息，便打電話回來告訴王寶和，他要把這筆錢用來開一個餐館，以免將來全家挨餓。

但王寶和並沒有因為大家的反對而放棄這個計畫。他將目標對準研製五噸級輕型輪式裝甲車。在研發裝甲車的過程中，王寶和連續三個月把自己關在車間，和工人們吃在一起、住在一起，夜以繼日，睏了就在凳子上稍微打個盹。最後，他的雙腳腫得老高，鞋子都穿不上了。但辛苦終有回報，從二〇〇二年三月至六月，僅用了三個月的時間，王寶和便以高速度高品質的驚人效率，生產出了我國第一輛五噸級輕型輪式裝甲車！

二〇〇二年，由寶雞專用汽車有限公司研製的我國首輛5噸級輕型裝甲車

　　但是，喜悅被隨之而來的低銷量漸漸沖淡：產品生產一年多，僅賣出去兩輛裝甲車。對所有生產商而言，沒有訂單就是沒有飯吃。民營企業最耗不起的是資金壓力，由於前期已經傾其所有，企業當時已經沒錢了。王寶和給員工發工資也要靠找朋友借錢度日，最困窘的時候他身上連一百元的整錢都沒有了。

　　王寶和說：「這是我一生中唯一一次懷疑自己和感覺到撐不住了的時候。」慶倖的是，之前反對他研製裝甲車的妻子楊寶芳此時卻是他最堅定的支持者，她告訴王寶和：「再不成功，我陪你要飯去。」

　　終於，王寶和與家人的堅持見到了曙光：就在這時，《中國人民解放軍裝備採購條例》正式頒佈，我軍武器裝備採購改革步伐顯著加快。這條算不上重大的消息成為王寶和的轉捩點，但是，如何使自己的產品在市場中脫穎而出，這是一個關鍵點。

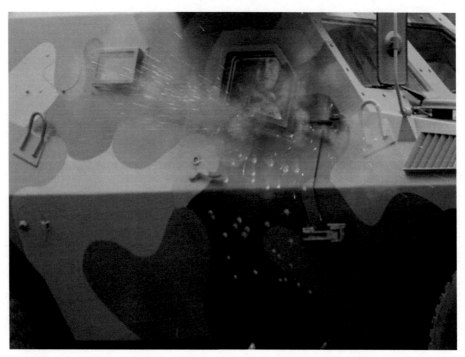

寶雞專用汽車有限公司董事長王寶和親自做裝甲車防護性能測試

為證品質，親身試險

為了證實自己裝甲車的防彈性能，他瞞著家人，自己坐在裝甲車裡搞實彈測試。從步槍、衝鋒槍到班用輕機槍，有了第一次，便有了文章開頭敘述的王寶和在裝甲車裡的驚險一幕。

通常情況下，這樣的試驗是在車內放置氣球，如果出現失誤或車體被撞擊濺出的碎片碰破氣球，就意味著防護失敗。可是王寶和卻以自己的血肉之軀來實驗。這樣冒險的試驗，王寶和一共進行了三次。

其中有一次讓在場的人都嚇出了一身冷汗——實彈射擊結束後，員工把王寶和扶下車來，突然看見座椅上血跡斑斑，而王寶和腰部也滲出血痕。大家都以為測試出現了意外，經過一番探查卻發現，裝甲車完好無損。原來王寶和才做完膽結石手術，傷口還未痊癒，在測試時傷口繃裂滲出了血。

王寶和60歲學習飛行，已安全飛行500小時

　　按王寶和的說法，他是把自己給押上去了。此情此景，確實感動了很多人，也增強了自己產品的說服力。但是他還是不「安穩」，二〇一二年，他又投入資金開始研發自轉式旋翼機，從地面產品走向空中產品，再一次超出了人們的想像，通過五年的努力，攻破一個個難關，硬是把夢想變爲了現實。

　　如今，王寶和企業的產品已經從陸地、水面到了空中，成爲系列產品，但他仍然堅持親力親爲：公司第一架旋翼機產品下線，他要親自試飛，水陸兩棲車頂著三級海況橫渡瓊州海峽試驗，他要親自駕駛，越是危險的事情他越要自己做，產品每一項極限試驗都會出現他的身影。他說：「這並不是冒險，而是對自己產品的信賴，只有切身體驗，才能有發言權。」正是憑藉著執著頑強的精神，王寶和才確保了產品品質，贏得了使用者認可。

　　十幾年來，他帶領企業相繼研發並生產輪式裝甲防暴車、邊防巡

邏車、士兵突擊車、水陸兩用摩托車和空中突擊旋翼機等二十餘種系列產品，填補了我國反恐、防暴、維和裝備的多項技術空白。

　　二〇〇七年九月，王寶和企業通過了國家有關部門頒發的一類武器裝備生產許可證，成為了第一個拿到一類武器裝備生產許可的民營企業。目前，王寶和企業的多項產品已用於解放軍、武警以及我國執行國際維和任務的多支部隊，同時還執行了我國政府對國際社會十多個國家的軍事援助，創造了中國民營企業多個「首次」：首次進行成套武器裝備生產；首次自籌資金研發製造輪式裝甲車；首次獲得國家一類武器裝備生產許可證；首次參加全軍性重大軍事演習；首次自建空中突擊旋翼機飛行基地和試飛大隊。他的產品還賣到了聯合國，走出了一條軍民融合發展的新路子。

二〇一七年十一月，王寶和親自駕駛水陸兩栖突擊車在瓊州海峽（海況三級）進行車輛性能測試

新時代，新征程

習近平總書記在黨的十九大報告中指出，深化國防科技工業改革，形成軍民融合深度發展格局，構建一體化的國家戰略體系和能力。

王寶和激動地說：「習主席把軍民融合提到一個非常高的高度，所以說對我們來講，民營企業涉足武器裝備迎來了一個非常好的發展機遇。」

王寶和一直深知自己公司的發展受益於國家的好政策，因此除了繼續研發產品為國防和軍隊建設做貢獻，王寶和還投資兩億元建成旋翼機飛行培訓訓練基地，先後為武警和陸軍特戰隊員飛行培訓提供了保障。此外，他還投入一百六十萬元為武警某學院提供裝甲車類比教學系統，幫助官兵提高專業技術水準。他每年利用春節、建軍節走訪慰問邊防部隊，在廠區開闢五千一百平方米國防教育園區。他的家庭被全國雙擁辦、國防部授予「情繫國防好家庭」榮譽稱號。他本人二○一七年被表彰為全國雙擁模範，受到習近平總書記的接見。二○一八年又被國家民政部表彰為全國「最美擁軍人物」。

王寶和說：「我和我的團隊做這些事情，取得了一些成績，這還是初步的。生命不息、奮鬥不止，我將傾注我畢生的心血，為國防和軍隊建設做出更大貢獻。」

胡明春

造三軍之眼，鑄國之重器

29. 胡明春：「軍工代表」造三軍之眼

為戰鬥機擦亮戰鷹之眼；為中國首艘國產航母配備雷達；護送天舟一號進入軌道，撕掉隱身飛機外衣；從「星」高度俯瞰大地……翻閱大事件，大國重器製造者代代創奇蹟。

今天，他們中走來了新時代的全國人大代表胡明春，中國電子科技集團公司第十四研究所所長。

首次履職，他聚焦「軍民融合」戰略。

他說：「我要把軍工科研所的廣大幹部、職工的意見和建議帶上來，期待國家能在深化國防科技工業改革、深入實施創新驅動和軍民融合戰略方面，從國家層面多出一些具體政策，集中力量幹大事，讓我們這些大院大所為創新型國家建設發揮更大作用，創造更屬害的重大成果。」

孤獨的領跑者

一九八四年，胡明春從中國科技大學空間物理專業畢業，被分配到14所。「印象中的14所，是一個十分神秘的地方。」但是，隨著工作的深入，這神秘的面紗漸漸撥開，令他驚喜的是，比他想像中的還要不一般！

雖然胡明春大學學習過無線電技術，對雷達已有充分瞭解，但剛入所時，這裡的雷達超出了他的所有想像：「在整個國防軍工領域，14所的地位不言而喻，其擔負的國防軍工之大任，不禁令他的榮譽感、責任感與日俱增。」

壓力越大、動力越足。高難度、高挑戰的項目任務接踵而來，可他一點也不緊張。「我天生不怕難事，越難的事情，就做得越有興

胡明春參加全國人民代
表大會

趣，攻克後還覺得特別過癮。」他笑言。

　　一次，為某型重點雷達天線的研製，胡明春開發了首款相控陣天
線自動測試系統。在微波暗室中，他在8086PC機上用FORTRAN語言
編製和調試。一台簡陋的電腦，一個冰冷的冬天，一個個不眠之夜，
最終，胡明春將半年多的測試時間縮短到一個多月，而且產品的設計
品質大幅度提高。

　　鑽研技術，胡明春走到哪，這股「倔」勁依然沒變。

　　於他而言，「電子強軍、科技報國」是一份值得用一生去熱愛和
探索的事業。這些年，他帶領團隊創下了多個國內「第一」，還有多
個世界「領先」。

　　談及成果，胡明春的腦海裡，就像放映電影，每個細節都清晰無
比。我國第一部機載預警雷達、第一部艦載多功能相控陣雷達、第一
部星載合成孔徑雷達……正是這無數個「第一」，才推動了我國新一
代預警探測裝備水準跨越式發展。

　　「時下特別流行一個概念——『領跑者的孤獨』。就是說，一個
行業裡，跑在前沿的探路者，常會有孤獨感，因為你領軍，就沒有了
可參考的對象。」胡明春說，14所也處於「無人區」裡，「沒人能
為你領路，眼前有多條路，究竟哪條路通暢，只能自己判斷，自己去
走」。

逢山開路、遇水架橋。胡明春反而覺得坦然：「想要做到行業領軍，自然要比別人辛苦，承受更多的壓力。在漫漫前路中，你不僅要自己探索，還要帶著身後的夥伴。」

自力更生爭口氣

14所號稱「三軍之眼，國之重器」。

天上飛的，地上跑的、海底游的，國家重要的軍事電子裝備，尤其是探測感知裝備都有14所的貢獻。

工作三十五年來，由胡明春牽頭和參與的重大科研成果不勝枚舉。在這些成果中，令他記憶最深刻的，非預警機莫屬了。

二○一七年，慶祝中國人民解放軍建軍九十周年閱兵在內蒙古朱日和訓練基地舉行。空警－2000預警機作爲空中編隊第一架飛機飛過閱兵廣場。

傲氣沖天、霸氣亮相，胡明春說，14所參與了這款預警機的研

胡明春做客中國青年網兩會特別節目《對話新國企‧奮進新時代》

發，雖然露臉的時間只有短暫一瞬，卻是十年磨一劍的功績。

「預警機是空中帥府，沒有預警機是不能打仗的。國家對預警機渴望已久。」據他介紹，我們國家在二十世紀七〇年代就開始了預警機的研製，但由於沒有掌握好在低雜波環境下怎麼觀測目標的技術，最後專案被迫「下馬」。後來在二十世紀九〇年代，又與國外先進國家共同來研製預警機，但因爲其他問題最後也不了了之。

爲了不受制於他國，不被「別人掐住脖子」，14所承擔起了研製預警機的光榮任務。之後的十年，胡明春和戰友們奮戰在軍工研究的一線，從技術儲備開始，終於打造出這部世界領先的預警機雷達。

「領頭的便是14所參與研發的預警機，而緊隨其後戰鬥機上的電子裝備也出自該所。不僅是產品，閱兵時的安全保障、氣象保障等，都有我們的參與。」胡明春坦言，每次重大活動上的亮相，都會既興奮、又緊張，自豪與激動過後，再多的疲憊也煙消雲散了。

集中力量辦大事

胡明春說：「14所今天的輝煌成就是靠一代代、一批批優秀管理人才、技術人才和技能人才不斷努力取得的。在新的歷史時期，我們肩負著國家安全、經濟發展和技術引領的使命，因此，我們應站在未來謀現在。」

近年來，以所長胡明春爲代表的新一代14所人，更是放眼世界電子信息工程的前沿，置身於群雄角逐的國際市場，著眼於服務國家戰略、引領電子信息領域發展潮流，爲打贏信息化條件下的戰爭奠定堅實基礎，堅持創新驅動和軍民融合發展，在預警探測、系統集成、信息化與工業化融合等領域取得了諸多國內領先、世界先進的創新成果。

作爲從軍工企業走來的新時代人大代表，胡明春首次履職聚焦關注「老本行」，積極推進軍民融合深度發展，加快構建軍民科技協同創新平臺與建設探測感知國家實驗室，加強軍民兩用技術的開發，實

現富國與強軍相統一，引領未來電子信息技術與產業的發展。

「以電子信息技術為引領的新一輪技術革命已經來臨，雲計算、大數據、物聯網、人工智慧等新技術，軍民都迫切需要，這些技術將改變人們的生活和工作方式，改變軍隊未來作戰樣式。」胡明春認為，在軍民融合發展的道路上，從頂層設計上就要做好規劃。他表示要抓住這輪新技術革命的機遇，顛覆傳統研發模式，加速彎道超車，實現技術和產品更快更好發展，要領先一代，拉出「代差」。

如今，這樣的思路正在各民品產業領域踐行著。「對於使用者來說，我們不是賣一個設備給他，而是給他提供系統解決方案，幫他解決實際問題。」胡明春認為，要研究未來需求，研究技術的發展趨勢，設計將來的工作和生活場景，推動技術創新和產品研發，站在未來謀現在，從關注技術到關注產品，再到關注應用、關注需求。他說，科研人員的研發思路和方法，需要不斷轉變，要適應創新發展的規律。

胡明春在採訪中，反覆提到「集中力量辦大事」：「其中的大事，指的就是要加快國家實驗室和共性基礎能力建設的步伐，要支援建設探測感知領域的國家實驗室」。

他表示，探測感知領域是電子信息最前沿、最尖端、最先進技術的彙聚地，而且這些技術都為軍民兩用，完全符合黨的十九大報告中提出的、對新時代經濟建設和國防建設兩個進程兼顧、兩個體系相配套的新要求。

為此，胡明春建議，以世界頂級實驗室的標準為目標，從國家層面以央企骨幹研究所為核心，統籌各方面的資源，建設探測感知國家重點實驗室。作為開放的系統創新平臺，該實驗室承擔基礎性、原創性、顛覆性的創新研究，為國防建設和經濟建設源源不斷地輸送創新成果，為傳統產業升級、新興產業孵化提供技術支撐，真正實現我們從跟跑到併跑再到領跑的跨越。

宋子奎

中國服裝顏色返新之父

30. 宋子奎：
妙手為衣換新顏，鑄就綠色環保夢

　　我國是服裝消費大國，長期以來因洗滌技術的落，導致衣物褪色「未壞先扔」的現象十分嚴重，造成了極大的資源浪費和環境污染。吉林省亨泰服裝洗染科學技術研究所所長宋子奎運用逆向思維，致力於「有色紡織品洗染化料科學研究工程」，發明了「增色洗衣液」，只需將褪色衣服浸泡五分鐘就能煥然一新，衣服壽命因此增加一到兩倍。

　　精誠所至，金石為開。宋子奎研製的「增色洗衣液」，成功填補了國內科研成果的空白，已向世界四十五個國家申報了發明專利，獲得七項中國國家發明專利，以及美國、日本、俄羅斯、韓國授權的國家發明專利，業界將宋子奎稱為「中國服裝顏色返新之父」。二〇一七年一月，宋子奎被中央文明辦評為「中國好人」。

初心：節約資源，減少浪費

　　在從事「增色洗衣液」研究之前，宋子奎曾有過服裝紡織印染的工作經歷，這使他非常瞭解服裝製作的各個流程，深知製作工序的複雜，資源消耗和勞動力投入之大。「紡織業是污染大戶，從紡織纖維生產到染色，再到後期服裝製作，都涉及環保問題，特別是印染環節，污水排放、能源和化學污染物的消耗非常大」。

　　服裝生產要經過紡織、印染、成品三大環節的近百道工序，每道工序都是勞動密集型作業，因此形成了高碳、高耗、高污染的「三高」產業鏈。服裝穿用設計壽命一般為十年，但因洗滌容易褪色變舊，實際使用壽命僅有兩至三年。

與同事在一起工作的宋子奎（右一）

　　宋子奎舉了牛仔褲的例子，來說明服裝製作所消耗資源的數量之大。製作一條牛仔褲平均耗水兩噸，假設中國人一年穿一條牛仔褲，一年製作十億條牛仔褲，耗水量就是二十億噸，宋子奎十分感慨地說：「不只牛仔褲，我們還要穿其他服裝，製作一件衣服非常困難，因為褪色就放棄一件衣服，十分可惜。」

　　製作衣服的艱辛以及褪色帶來的浪費，令宋子奎十分痛心，也成為他後來放棄糧食局「鐵飯碗」從事研究的原動力。「我的初衷就是節約，消費者沒有接觸過服裝行業，對服裝的浪費沒有深入瞭解，但是對紡織行業的人來說，這種浪費令人特別心痛。」宋子奎說。

雖然在通化市糧食局捧上了「鐵飯碗」，宋子奎卻依然掛念著服裝浪費問題，總想著發明一款能夠去汙增色的洗衣液。業餘時間，宋子奎開始收集數據，各地走訪專家，研究服裝印染知識，深埋在心中的「服裝顏色返新」夢想的種子開始破土長大。

初心已定，唯有向前。一九九四年三月，我國頒佈了環境與發展白皮書，提出可持續發展戰略，這一外部環境的變化給了宋子奎極大的鼓舞，他更加堅定了實現夢想的決心。此時宋子奎已經辭掉工作，專心從事服裝印染研究四年有餘，但追逐夢想的路程並非一帆風順。

堅持：心繫夢想，披荊斬棘

科研是一條未知大於已知、重複大於新奇、等待大於突破的道路，在通往成功的路上充滿了各式各樣的路障，曲折起伏中，任意一個障礙都可能擊退探索者。對於宋子奎來說，研究「增色洗衣液」更像是一場孤獨之旅，他說：「有時候會有放棄的衝動，書扔掉，數據燒了，精神快崩潰了，但想想還是要堅持。」

在前期的積累專業知識過程中，宋子奎買來幾十本洗滌和光學等方面的書籍，廢寢忘食地鑽在書堆裡，研究理論知識。通過深入研究，查閱大量數據，他理清了衣服增色的理論知識和實踐可行性。這猶如一道微弱的光，照亮了前行的路。

但接下來化學原理如一道天然屏障橫在眼前。因為化學原理上的困難遲遲不能突破，宋子奎最初聘請的專家陸續退出，後來大部分研究工作都由他一個人完成的。「後期沒有人一起做，可能別人認為你這是白日做夢，遇到化學原理困難的時候，大家都是望洋興嘆。」

宋子奎記不清自己做了多少實驗，有思路就做，失敗了從頭開始，懷揣著信念獨自堅持著。「不知道做了多少，做實驗特別枯燥，化學反應需要時間，二十年起碼有一半時間是在等待中度過的。」宋子奎回憶。

功夫不負有心人，經過幾千個日日夜夜的艱苦論證，一千八百多

次的篩選試驗，二十餘年的堅持終於獲得回報，二〇一三年底，宋子奎成功研製出「增色洗衣液」。

二十年如一日的堅持澆灌了科研之花的絢爛綻放，「增色洗衣液」的誕生，為服裝洗染行業開闢了新的可能。衣服被重新返色，由此節約了大量的紡織資源，減少了有害污染物的排放，同時也為普通家庭節約了日常開支，據有關專家預測，這項發明每年可節約資源超過千億元。

回首往昔，宋子奎以數學家陳景潤研究哥德巴赫猜想的精神來激勵自己，耐得住寂寞，堅持就是勝利。

理想：青年立志，為國為民

一九九〇年，三十歲的宋子奎辭掉了通化市糧食局的「鐵飯碗」，走上了革新洗滌技術的創業之路，「我就是從青年時期開始創業的，對青年人的心路歷程深有體會。」

宋子奎將青年人立志立業比喻為鑿井挖水，找準目標之後就是堅持向前，終會有所收穫，「人生就像挖井，不能挖一鐵鍬沒有水就換地方，如果沒有定力，一輩子就是開個地皮，不可能挖到水。」

抓住創業時光、找準方向、戒驕戒躁，這些都是宋子奎成功的秘訣，但他取得今天的成就還有一個更重要的原因，那就是「立志當高遠」，以為國家服務為己任。

目標有多高，路途就有多遠，崇高的人生目標是指引青年不斷向前的燈塔。宋子奎將立志分為三個層次：第一層是以自身圓滿為目標，在這一層次上的奮鬥終點只是一份穩定的工作；第二層是為國家服務，有了這個崇高理想的人生，就會充滿向前的動力；第三層是將為整個民族奉獻作為目標，心裡關心的是千秋萬代的事業。對於宋子奎而言，從事研究「增色洗衣液」就是為了節約資源，為國家環保事業出一份力。

宋子奎很感謝社會各界對於自己研究的認可，更感謝國家給予的

榮譽和鼓勵，他一直認爲自己只是做了微小的分內工作。

正是因爲內心高度的社會責任感和堅定的理想信念，腳踏實地地躬耕於科學的荒原，才成就了今天的「中國服裝顏色返新之父」宋子奎。

劉若鵬

「魔法師」讓「隱形衣」夢想成真

31. 劉若鵬：「隱形衣」背後的中國夢

　　魔幻電影裡，「隱形衣」常被當作一件可望而不可即的「神器」，為劇情平添諸多波瀾，引來人們無限的遐想。可現實中，你是否敢想像自己身處一個真正擁有了「隱形衣」的世界？那個世界將是怎樣的一幅奇異景象？這個問題對深圳一位年輕人來說，絕非漫無目的的空想，因為在他的腦海中，多年夢想的正是一套能夠親手造出「隱形衣」的真實技術。這個年輕人，是深圳光啟高等理工研究院的創始人 —— 劉若鵬。

一門新興科學的八〇後「元老」

　　作為一個高科技研究院的創始人，劉若鵬的年紀足以令人驚詫。生於一九八三年九月的他，如今也不過三十六歲，可數一下罩在他頭頂的光環，這儼然就是一個強力「發光體」：深圳光啟高等理工研究院創始人、院長、首席科學家，國家高技術研究發展計畫（863計畫）新材料技術領域主題專家組專家，享受國務院特殊津貼專家，超材料電磁調製技術國家重點實驗室主任，廣東省超材料微波射頻重點實驗室主任。細數下來，有三個字明顯是他各式頭銜的核心詞彙 —— 超材料。

　　什麼是「超材料」？對於這個進入二十一世紀後物理學領域才出現的全新學術詞彙來說，學術界目前還沒對它形成一個權威定義，不過大致可以理解為：具有天然材料所不具備的超常物理性質的人工複合結構的複合材料。更加通俗地講，劉若鵬願意把它理解為：「傳統材料先是考慮材料的性質如何、能幹什麼，然後再去運用，而超材料是逆向設計的，是想要什麼樣的材料功能就去定製設計實現，只要有

二○一一年，劉若鵬擔任深圳大運會火炬手

電磁波的地方，就有超材料的用武之地。」

可想而知，擁有了這樣一類材料的研發生產能力，將意味著怎樣的戰略影響和社會意義。事實上，由於超材料科學太過新興，在國外得到確立也不過十餘年時間，各個國家都在爭相研究，爭取領先。而對我們來說，幸運正來自於劉若鵬的出現。素來敏銳的他早在二○○三年上大二時就開始接觸這個剛剛萌芽的研究領域，如今算來，他已經紮在超材料行業足足十年有餘。即使年紀再輕，劉若鵬也能自信地說：「我雖然只有三十六歲，但在這個行業卻是一個絕對的『老人』。」

劉若鵬之所以會進入這一領域，還是要說起他的母校浙江大學。二○○二年，他被保送進入浙江大學竺可楨學院，回憶起當年的生活，劉若鵬記憶最深的是學校的特殊培養機制：「前兩年上最難的課，天文、地理什麼都得學，後兩年就完全放開，想做什麼研究就做什麼。」正是這樣，劉若鵬在大二下半年走進了超材料的世界。實際

上，十年以前研究這種材料意味著無限的未知，甚至有人認為它不過是一種「偽科學」。可劉若鵬卻一心篤定，就是要在這門學科上鑽下去。

「從那時候開始就確定了自己今後要從事這門學科的研究工作，讀本科時，我就發表了超材料的國際論文。」大學畢業後，劉若鵬獲得了美國杜克大學研究院全額獎學金，前往攻讀博士學位。

留學生涯為劉若鵬的研究插上了一雙強勁的翅膀。二〇〇九年，年僅二十六歲的他，成功率領團隊研製出寬頻帶的超材料「隱形衣」，可以通過引導微波「轉向」，防止物體被發現。這一成果被刊登在二〇〇九年一月十六日的美國權威雜誌《科學》上，在世界範圍引起了轟動。也正因為如此，二〇一〇年，超材料被《科學》雜誌評為過去十年人類最重大的十大科技突破之一。放眼今天，這門科學已經是國際上最熱門的新興技術，它的研究更是得到了美國、日本等國政府和波音、雷神等企業的長期支援。

此時，一舉成名的劉若鵬知識在手、躊躇滿志，他已經迫不及待地開始思考超材料的應用未來究竟該往何處去。他有了一個大膽的計畫：成立研究院，讓最前沿的科研成果以最快的速度轉化為產品，研究院的名字也一早就想好了——光啟，取自明代科學家徐光啟的名字，勵志為中華科技復興而努力。

二〇一〇年七月，還不滿二十七歲的劉若鵬帶著核心團隊回到了深圳創業。在這座見證了他成長的城市，劉若鵬能夠體會到一種深厚的感動：「深圳是一座講述創新、創業、奮鬥故事的城市，而深圳的企業，也將以改變世界為自己奮鬥的目標。」歸來的劉若鵬率領核心團隊，成立了光啟高等理工研究院，一舉成為廣東省首批引進的十二個創新科研團隊之一。而僅僅過了兩年，這個機構就已從最開始的五位創始人發展到近三百人的規模，其中包括來自全球四十多個國家的科研人員，他們都選擇了定居中國來做新興技術的開發，並且整個團隊的平均年齡僅有三十歲。

國家和地方政府也格外重視劉若鵬的團隊，僅在研究院成立當

年，光啓就被列入了「深圳十大科技創新工程」，隨即又被列入深圳市「十二五」計畫重點支持的科研平臺機構。三年不到，這個年輕的研究院曾獲得過習近平、李克強、李源潮等黨和國家領導人的關注與視察，尤其是習近平總書記到訪光啓，曾深情感慨：「中國以錢學森為代表的老一代科學家，當年也是衝破各種阻力，回國投身祖國『兩彈一星』的科研事業，鑄造了輝煌業績，這是愛國精神的象徵。你們也有同樣的目的，也是這樣一個實現偉大中國夢的探求。」

從源頭科技創新到產業化，前路漫漫卻令人興奮

不過，高科技產業的發展是一條艱難的道路，業界都瞭解，人們「通常搞完科研就去評獎了，後面的產品跟進就沒人管了」。對此，劉若鵬看得很清楚，他率領光啓所要做的，就是要打通從科技創新源頭到產業化的一整套鏈條，帶動整個產業的上下游發展。

二〇一二年七月中旬，光啓發起的全球首條超材料中試生產線在龍崗正式投產。這條花了一年時間建設的專案，總投資一億元，預計將實現超材料綜合產品年產值約五億元，帶動上下游相關產業規模約五十億元。超材料中試線的建設，將極大地推動超材料各種新型產品的中試進度，加快產品的量產化驗證，保證產品的品質。

劉若鵬說：「全世界能做超材料平板衛星天線的就光啓一家。傳統技術造出來的就是一個『鐵鍋』，下雪了不能用，弄不好還挨雷劈，但超材料就不存在這些問題。」

可為了做成這個只有兩毫米厚的「板子」天線，整個光啓團隊在一年裡經歷了上千次的實驗失敗。不過，每次實驗失敗，劉若鵬卻變得情緒高昂：「但凡失敗的東西都能讓我很興奮，只要是什麼東西做失敗了，壞了，我高興得不得了，一定會拍照把它保留下來。」

做全球超材料領域的「蘋果」「英特爾」

　　從二〇一〇年至今，劉若鵬帶領團隊實現了中國超材料產業從無到有，從小到大的發展，搶佔了超材料源頭創新科技的國際競爭制高點。僅從專利數據來看，光啓申請的專利已達四千多件，占全球超材料相關領域專利申請量的86％。事實上，光啓正在以平均每週申請二十五項專利的速度，悄然成爲世界超材料領域的引領者。

　　眼下的劉若鵬思索更多的則是行業的突破，同時他也堅信，面對一個超千億的龐大市場：「基地絕對不會就光啓一家，我們會讓很多企業一起來做，產業鏈是一個非常龐大的東西，我們只有帶動大家一塊做，它的整個智慧財產權、專利、標準才能握在中國手上。」

　　單就個人而言，過去十年投身超材料研究推動著劉若鵬不斷攀越高峰，也牽引他不斷拓展身後那片能讓夢想生根發芽的沃土。而今，站在故鄉的土地上，他已經在構想一門重要新興學科和一個龐大產業的未來：五到十年後，光啓應該是全球超材料領域像蘋果和英特爾那樣的公司。他說：「在通往科技興國的道路上，儘管會困難重重，但我將永遠做一個奮鬥不息、激流勇進的人，秉承創新、卓越的實幹精神，爲國家偉大復興事業做出更大的貢獻！」

劉若鵬

郭　凱

世界級水準的「金藍領」

32. 郭　凱：盡力之後，還得盡心

　　十六歲那年，郭凱正讀初二下學期。一天放學後，他焦急地在村裡穿梭，走進了十三戶親戚的家門，最終卻也只借到了兩百元。對於因心臟病發作躺在醫院的父親而言，這點錢簡直就是杯水車薪，解決不了任何問題。他回到家，跟母親說：「我不讀書了，我去打工。」於是，他和已經領到高中錄取通知書的姐姐都出門打工了，而父親也因無錢醫治只能回家休養。

「有一技之長，能多開點工資」

　　三十三歲的郭凱，山東樂陵人，現在是青島港碼頭的一名裝載車司機。二〇一六年大年初二，他駕著裝載車在央視的舞臺上一分鐘內連開三十個啤酒瓶，翹著裝載車的「尾巴」倒立著點燃了煙花。高超的技術贏得現場陣陣驚呼，並成功打破金氏世界紀錄。回憶起自己如何從一名農村輟學少年，成長爲具備世界級水準的「金藍領」，郭凱說：「當年我只是想學一門技術，多開點工資給父親治病。」

　　第一次走出家門，郭凱和七個同村來到天津的一個工程隊。一開始，老闆並沒有安排他們學車，而是讓他們幫著蓋房子。第二天早上五點，老闆把他們叫醒，帶到了工地搬磚，直到晚上八點才歇工休息。那一天，郭凱搬了五千多塊磚，這份苦，他現在還記得。第七天的時候，同來的七人決定離開，而郭凱想著重病的父親，便咬著牙留了下來。三十二天後，軍人出身的老闆看到了郭凱身上那股能吃苦的韌勁，終於安排他學起了推土車。

　　第一次接觸推土車的郭凱非常興奮，可是師傅們並不認眞教，他只能在師傅身邊看著，遇到不懂的地方，等師傅心情好時才請教。郭

郭凱對車輛進行日常保養

凱心裡很著急，就想盡一切辦法加快學習進度。當時工地離食堂很遠，一到中午老闆就會統一開車拉大家去吃飯。郭凱爲了多摸一摸車，就趁著師傅們吃飯的間隙，留在工地熟悉車輛，等師傅們吃飯回來後，他再步行去食堂吃飯。

「那個時候，食堂有位大姐，發現我總是在大夥兒吃完飯後一個小時才來，就特意給我留碗菜和兩個饅頭熱在鍋裡。」郭凱對當時的情景記憶猶新。

就這樣，不到三個月，郭凱就掌握了推土車的駕駛技巧，並在接下來兩年多的時間裡，學會了駕駛挖掘車、自卸車、壓路車、裝載車等五種工程車。

擦車布的故事

二〇〇五年，二十一歲的郭凱慕名來到了青島港。入職之後，一

身嶄新的工作服讓他找到了家的感覺，規範的管理、系統的培訓和專業的平臺讓他下定決心好好幹。

在平時的工作中，司機需要保養車輛，用擦車布是少不了的事情。其他同事擦完車，用髒了的擦車布往往就丟棄了。農村出來的郭凱見了很心疼，他把這些扔掉的布收集起來清洗乾淨，較乾淨的用來擦駕駛室，較髒的用來擦油污多的地方。這種分類使用的方法很快得到了領導們的贊許。在郭凱眼裡，「這都是能用的東西，扔了真的心疼」。

有強烈節約意識的郭凱在工作中處處留心，很快總結出了一套包括操作、路線、保養、檢查、品質、工藝等環節的「六步節油法」，在全集團推廣後，一年下來竟然節約了燃油費兩千多萬元。

郭凱一邊檢查車輛的情況，一邊進行記錄

「哼著小曲，幹著活」

郭凱不僅在節油上下功夫，還時常琢磨如何從技術的「根本上」節約工作時間和成本。他向有經驗的老師傅請教，瞭解他們的方法在實際工作中反復揣摩鍛煉。這樣一來二去，他總能找到最省時、最省力的辦法。

每次都有收穫和進步，郭凱的心情也就特別好：「別的工友總問我，為什麼工作的時候總是哼著小曲就把活給幹了。學會了省時省力的技術，我能不高興嗎？」

不過，在他心裡，自己不斷追求好技術還有一個原因：讓工友工作起來更輕鬆。運載礦石的船艙特別大，有三十多米深，哪怕是在秋天也有四十多度的高溫，裝載車清理不到的地方就只能靠人工作業。最開始的時候，郭凱擔心自己的技術，往往不敢太靠近艙壁，這樣一來就剩下了很多需要人工清理的礦石。

認真工作的郭凱

農村出來的他知道幹體力活的那份辛苦，看著人工作業的工人們汗流浹背的，心裡很不好受，走過去要幫忙，結果工友說，不用了，你把車開好了就行了，你車裝得越多，我們鏟得就越少。這句話深深地刺痛了郭凱的心，他覺得正是自己的技術不過關，才讓其他同事的工作量增大，於是就認真琢磨起了技術。「現在我連啤酒瓶都能用機器來開，船艙裡的邊邊角角就更不在話下了。」郭凱說。

　　現在青島港已經連續二十二次刷新了自己保持的礦石接卸世界紀錄，單船卸率每小時超過一萬零六百三十噸，為中國港口贏得了全世界的讚譽，這其中郭凱功不可沒。

　　現在的郭凱已經是擁有六十多項創新成果、五項國家專利的高水準技術工人，而在他心裡，做到這些只靠一點，那就是時刻提醒自己：盡力之後，還得盡心。

劉自鴻

全球超薄彩色柔性顯示領域的領導者

33. 劉自鴻：矢志科技創新，創業成就夢想

　　當厚度僅有0.01毫米的超薄彩色柔性顯示幕拿在手裡，是一種什麼感覺？它輕若羽紗、薄如蟬翼，捲曲半徑可達一毫米，其中糅合涵蓋了諸多最前沿的高科技設計和工藝。

　　超薄彩色柔性顯示幕，是深圳市柔宇科技有限公司的三大核心技術和產品之一。而該公司創始人便是柔宇科技董事長兼CEO，第二十屆「中國青年五四獎章」獲得者劉自鴻。

　　從清華大學到斯坦福大學，從矽谷到深圳，從天馬行空的概念到成熟的線下產品，十幾年來，無論是求學還是創業，劉自鴻始終不忘初心，十年磨一劍，終將夢想照進現實。

從零到一，讓夢想照進現實

　　二○○六年，在清華大學讀完本科、碩士課程後，劉自鴻遠赴美

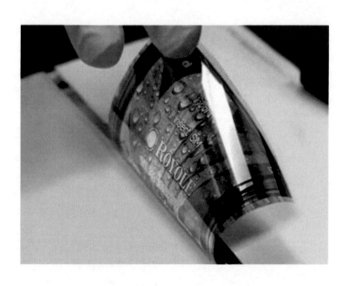

厚度僅有0.01毫米的
超薄彩色柔性顯示幕

國斯坦福大學攻讀博士學位。

初到美國這個完全陌生的國度求學，劉自鴻便開始思考未來的研究方向。「有將近一個月的時間，我經常躺在學校的草坪上，思考將來我可以一直從事下去的方向。」劉自鴻回憶說。他開始聯想人類發展過程中經歷的所有顯示技術，從自然界原有的太陽，到人類發明的書法、烽火臺、海上照明，再到近代以來的電影、電視、電腦和手機。

「我發現顯示技術在人類社會發展過程中一直都存在，並且是非常重要的一部分。」劉自鴻認為，人類對於顯示技術存在兩個比較本能的需求，一個是希望能夠便攜，另一個是希望能夠提供高清大屏的視覺愉悅感。

「然而傳統的顯示技術，比如說液晶屏、早期的CRT技術，都不能將兩種需求融合在一起。」正是基於這樣天馬行空的暢想，劉自鴻覺得如果顯示幕能夠彎曲、能夠折疊、能夠變形，就有可能將便攜與高清大屏的視覺體驗感結合在一起。

偶然中往往孕育著必然。對於顯示形式的顛覆性思考，催生了劉自鴻在柔性顯示方向的破荒之旅。

求學期間的理論思考，在劉自鴻博士畢業三年之後終於付諸實踐。二〇一二年，劉自鴻在深圳和美國矽谷同時創立柔宇科技有限公司，將多年來在柔性顯示領域的夢想照進現實。

「創業之初，我們必須明確柔性顯示的技術路線和工藝方式，還有堅持我們的理念，即厚積薄發、一鳴驚人。」劉自鴻說，面對早期一些質疑的聲音，他們創業團隊選擇了忽略和低調。

「對於外界的雜音，倒不必太在意，我們只需清楚我們的技術路線和優勢。同時，我們在大概兩年的時間裡基本沒有發聲，只安靜地專注於自己的研究。」劉自鴻認為，行勝於言，在研發攻關的關鍵時期，團隊儘量避免不必要的爭論，甚至連家人都不知道他們在做什麼。

兩年的蟄伏，等來二〇一四年柔性顯示幕面世的一鳴驚人。當厚

度僅有0.01毫米、捲曲半徑可達一毫米的超薄彩色柔性顯示幕公佈於世時，這項涵蓋諸多最新高科技設計和工藝的產品，瞬間燃爆了整個世界，引來聚焦的目光。

劉自鴻認為：「柔性顯示可彎曲、可折疊，在實際應用上具有無限可能性，例如汽車、衣服、智慧家居等很多領域，應該說市場前景非常廣闊，我們最近剛和李寧公司達成戰略合作。」如今，柔性顯示幕已進入量產階段，進入市場。

回顧以往，劉自鴻覺得：「柔性顯示從技術、材料到電路設計，都是全新的，沒有一個現成的東西可供參考，整個過程是從零到一的跨越創新。」

行勝於言，每一次創新都是一場革命

超薄彩色柔性顯示幕、高柔韌度的新型柔性感測器、可折疊式超高清智慧移動影院Royole-X是目前柔宇科技的三大核心技術和產品。

劉自鴻說，公司對於技術方向和產品的研發，擁有一個非常明確的路線，這是一個循序漸進的過程。

秉持公司一開始就確立的方向和理念，劉自鴻始終將便攜性和高清大屏體驗的融合作為核心使命去完成。而在一如既往的堅守中，靈感往往不期而遇地降臨。

「二〇一三年，斯坦福大學電子工程系邀請我去做一個報告，在前一晚準備演講PPT的時候，因為睏乏，臉貼到電腦的螢幕上，但就在那一瞬間，我突然發現螢幕上的字很大，靈感把我驚醒。」劉自鴻說，就是因為這個錯覺，他發現通過小螢幕與近眼光學放大原理的結合，可以在把顯示裝置縮小的同時，讓人享受到高清大屏的體驗。

偶然迸發的靈感火花，激發了劉自鴻的創新思路，在解決顯示方式核心矛盾的路上，劉自鴻往前邁出了一大步。

在二〇一三年，IMAX只能去電影院體驗、VR技術還沒有普及的年代，劉自鴻通過物理螢幕縮小結合近眼光學放大的方式，尋求到

應用了柔性顯示幕的未來產品

一條解決之道，真正做到了將「IMAX影院」揣在口袋裡或放到行李箱裡。

到二〇一五年，隨著VR技術突然火熱，劉自鴻已經將兩年前一個純粹的概念，變成了完整成熟的產品Royole-X。

在同年九月的發佈會上，全球首款可折疊式高清智慧移動影院Royole-X的面世，再次引來全世界關注的目光。這款產品外觀與耳機無異，但是觀影的感覺卻如同將用戶帶進了電影院，達到靜態類比的效果。

從柔性顯示到Royole-X，劉自鴻潛心專注的每一項創新都是顛覆傳統的，也是革命性的。他虔誠地遵循自己內心的夢想，從未止步。

如今，柔宇科技所研發的產品不僅贏得了廣大使用者的青睞，在市場上引起強烈迴響，還得到李克強總理的認可和肯定。

在二〇一五年十月舉行的「創業創新，彙聚發展新動能」主題活動期間，李克強總理前往柔宇科技展臺，駐足仔細觀看了新型超薄彩色柔性顯示器。劉自鴻說：「聽完介紹後，李克強總理對我們的技術給予肯定，也希望我們彙聚更多的國際人才，能夠廣開思路，彙聚世界智慧為我所用。李克強總理的話，體現的是我國面向世界的境界和心胸。」

創新創業，青春夢想正當時

僅經過四年發展，劉自鴻的公司團隊已從最初的三人，發展到員工一千多人，聚集了來自十個國家和地區的人才。

在創業初期兩三年間，因爲柔宇科技公司在矽谷和深圳同時創立，劉自鴻幾乎每個月都要飛越半個地球，往返於中國和美國一次。

劉自鴻說，無論是技術研究，還是團隊建設，都需要他統籌協調。在劉自鴻看來，對於他所選的夢想開啓的地方，矽谷和深圳各具優勢，又特點鮮明。

「矽谷和深圳都屬於移民城市，來自不同國家地區、文化背景的人聚集一處，形成文化多元、開放包容的環境，通常比較容易碰撞出創新的火花。」這種火花正是劉自鴻所需要的。

相對於矽谷的國際化，劉自鴻認爲深圳發達成熟的電子產業鏈正是其看重的。「深圳整個電子產業鏈很成熟，可以快速將每一個概念變成產品，這是深圳特有的優勢。」劉自鴻介紹。

而近幾年國家大力提倡的「大眾創業、萬眾創新」政策，以及深圳所推展的「孔雀計畫」，都爲劉自鴻創業項目快速落地啓動提供了政策扶持和便利。

劉自鴻認爲，國家所提倡的創業創新政策，有利於青年人去實現自己的夢想，但是青年人創業不要盲目，一定要找到自己內心感興趣並且擅長的方面，去發揮最大的價值。同時，創業的價值，在於解決現實社會、產業中的問題，眞正的目的是改變世界。

在劉自鴻看來，青年人實現創新創業的方式有很多種，無論是自主創立公司，還是加入某個團隊分擔角色，只要能發揮自己的特點所長，都是爲個人和社會創造價值，實現創新創業的一種途徑。

青春路上，獲得「中國青年五四獎章」的劉自鴻認爲，這是一份至高的榮譽和鼓勵。「這份榮譽屬於我們公司全體同事，公司的技術成果，是所有人共同努力奮鬥獲得的。」劉自鴻覺得，現在才剛剛開始，未來的路還很長。

談及未來，劉自鴻講到對於柔宇科技發展的願景：「希望柔宇是一家能夠創造價值的公司，不斷解決問題，對社會進步產業革新有所幫助，始終堅持正確的價值理念，受人尊敬，打造有幸福感的團隊，產品技術能讓使用者感覺到滿意，讓員工在這個平臺上能實現自己的夢想，成爲他們熱愛的事業，都能覺得幸福。」

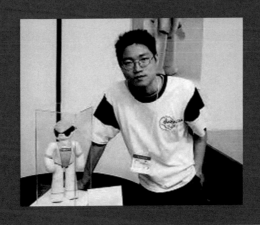

黃　怡

天馬博士的「阿童木」

34. 黃　怡：機器人是改變未來的力量

　　而立之年的黃怡沉穩而不善言辭，但小時候的他和大部分孩子一樣，有著近乎不切實際的夢想：「我希望自己能像天馬博士一樣，做出阿童木那樣的智慧型機器人！」

　　從充滿幻想的孩子到如今的企業負責人，十多年時間裡，黃怡保持了對機器人的執著。如今，他建立起了一支工業機器人團隊，也獲得了研發產品雛形的機會，更憧憬著智慧化無人工廠的發展，他自信地說：「相信我，機器人是改變未來的力量。」

我的夢想是做中國的「天馬博士」

　　二○○三年八月，黃怡把這個時間點記得很牢。那時還是上海交通大學在校學生的他，作為交大「交龍」足球隊的一員，參加了當時在北京舉行的馬斯特杯中國機器人大賽，和團隊一起獲得了大賽中型組1vs1、2vs2自主機器人比賽冠軍。

　　那是黃怡第一次參加這樣的比賽，「第一次獲得了跟機器人相關的獎，很激動，甚至有點得意。」黃怡回憶。

　　獲獎的激動源於多年的熱愛。「小時候覺得機器世界真奇妙，變形金剛、鐵臂阿童木這些擁有各種非凡技能的機器人，可以幫助人們做超越自身能力的事情，而且永遠忠實可靠、有愛心。」於是，從小他就幻想著能像阿童木的「父親」天馬博士一樣，造出屬於自己的超能力機器人，幫大家做事。「是這樣一份對未來的期待，讓我一直保持著對智慧型機器人世界的憧憬和熱情。」黃怡說。

　　一九九八年，因為家人對就業的考慮，黃怡考入了上海交通大學熱能與動力工程系。但由於對專業的不喜愛和對前途的迷茫，他一度

沉迷於網路動漫和遊戲。「有一天，我突然就被噩夢驚醒，隨後意識到這是在逃避。我不能走倒退的路，即使專業與機器人無關，我也應該把基礎打牢，創造實踐的機會。」想通了這一點，黃怡開始關注自動控制、電腦應用等跟智慧型機器人研發相關的科目。讀完本科後，他更是毅然考取了上海交大機械電子工程專業研究生，真正開始做機器人技術的研究。

在求學期間，他不僅用機器視覺和機械臂設計出了自己的第一個完整作品——「拼圖」機器人，此後還陸續參與了足球機器人、月球車等多個項目的研發。

在追夢道路上，喜悅和磨練一直是併行的，但黃怡從不後悔。二〇〇四年，第八屆機器人足球世界盃在葡萄牙首都里斯本舉行，黃怡帶著滿腔自信前往參加。「那年賽前我們準備得很充分，之前又一再在國內得獎，所以大家對於拿名次信心十足，對比賽的關注度也很

黃怡（右）親自為客戶演示智慧科技產品

高。但由於場地、光線及機器人自身的故障，比賽成績十分不理想，別人小組賽進了十個球，而我們隊只進了一個，可謂慘敗。」那次的比賽讓黃怡在沮喪的同時，真正體驗到了科研之路的坎坷，「輸了也好，輸了才知道自己的弱點與別人的優勢，才知道往哪裡進步，往哪個方向超越！我的人生得往前走！」

一路向夢而行，我要做屬於自己的機器人

足球機器人、月球車視覺導航系統、SmartPal機器人三維模擬……學生時期的黃怡，一步一個腳印地向自己的夢想前行著。多次獲得全國性的機器人足球比賽冠軍，參與完成的移動機器人平臺更是獲得了教育部科技成果獎。

二○○八年，在交大進行了十年的機器人相關知識技術地學習和實踐後，黃怡進入了一家智慧設備公司擔任研發部項目負責人。在那裡，他擁有了第一個主導設計產品的機會，帶領團隊研發了具有多項自主專利產權的自動隨行高爾夫球車，產品遠銷歐美市場，擁有極佳的口碑。

然而，二○一一年七月，在高爾夫球車取得良好銷售業績的情況下，黃怡出乎意料地辭職了，懷揣五萬元，借貸二十八萬元，組創了屬於他自己的機器人研發團隊──上海依楊智慧科技有限公司。

「我是一個有些自負的人，不願意總是設計別人的產品。我想要有屬於自己的機器人，就像天馬博士擁有阿童木那樣。同時，我也看到了國內機器人產業的良好發展趨勢。想一萬次，不如去做一次。華麗地跌倒，勝過無數次地徘徊！所以我決定冒險一試，開始著手創業。」黃怡最初的想法並沒有獲得太多人的支援，剛工作不久的他和所有年輕人一樣，面臨著房貸、車貸、撫養孩子等壓力，公司也通過各種方式挽留他，但固執、自信支撐著他：「我一直相信這樣一句話──只要朝著一個方向努力，一切都會變得得心應手。」果然，黃怡憑藉自己的「一根筋」再次向前邁了一大步。

黃怡一手創建的依楊公司致力於研發機器人控制、視覺以及智慧系統。資金不足，就不懼壓力、各方籌措；沒有項目，就天南地北地跑。在黃怡和團隊成員的不懈努力下，短短兩年時間，年輕的依楊智慧科技公司就實現了五百萬元的經濟效益，分別與南京總參60所、上海汽車集團進行了合作研發專案，在無人機自動控制系統、視覺檢測系統等方面取得了技術性突破。

真正的機器人是技術、設計和商業的完美結合

　　「真正的機器人產品，是技術、設計和商業的完美結合。我擁有設計出獨立機器人系統的技術，但是，定位和預見市場需求卻不是我的強項。」自稱「自負」的黃怡，其實很懂得合作溝通與資源分享。二〇一三年四月，三十二歲的黃怡在南京市麒麟科技園區註冊創立了南京景曜智慧科技有限公司。

　　「從依楊到景曜，雖然都是機器人行業的公司，但是發展方向不

二〇一三年九月二十四日，黃怡在等待驗收的南京麒麟科技園區機器人多媒體綜合展示體驗館內

同。依楊主要進行項目研發，研發機器人控制以及視覺系統，不做整套機器人產品，而景曜則定位於機器人產品的研發與生產。」對黃怡來說，只有做到量產與自主生產，形成產品化企業，才是真正觸摸到自己的智慧型機器人之夢。

在黃怡的夢想中，機器人與每個人的生活息息相關，在多年地探索之後，黃怡更堅定了讓普通大眾瞭解機器人的想法。因此，牽頭促成了全球五百強之一的工業機器人供應商ABB集團、麒麟科技園區和景曜三方創立了南京機器人應用及創新中心，並承建了科技園區機器人多媒體綜合展示體驗館。

「我覺得在國內，技術和產品的交流相對還是有些閉塞的，有效的推廣與合作，對於加速機器人研發、拓展機器人市場十分重要，所以我有了建設體驗館的想法。」抱著打造企業交流共用技術信息成果平臺和大眾科普教育平臺的想法，黃怡和團隊成員以及合作方經過兩個月的加班加點，終於完成了體驗館的建設，並獲得了專家團隊的一致好評。「我最自豪的就是體驗館中的多組機器人DEMO產品，都應用了公司的自主技術。接下來，我們會不斷地更新展品，展出更好的機器人產品，讓更多人瞭解它。」對推廣機器人，黃怡不遺餘力。

二〇一八年已經過去，黃怡仍然充滿熱情與憧憬地奔波於各種產品專案之間。他的近期目標是研發製造滿足使用者需求，且具有可持續性的基於工業機器人的自動化智慧化生產線，讓機器人生產逐步向智慧化無人工廠發展。他著力探索如何借鑒和建立相關的品質和規格標準，解決產品設計時無標可依等問題，黃怡自信地說道：「讓未來無人工廠的建立，就如同用usb熱插拔配件一樣簡單。」

旁人問他忙得沒時間休息值不值，他樂呵呵地說：「相信我，機器人是改變未來的力量，我能看得到。」

一粒在二十年前就埋下的夢想的種子，而今已生根發芽。黃怡說，能在這一路遇到同樣擁有夢想的同伴，一起看著夢想慢慢成長，他深感自己獲得了巨大的財富，感恩曾經的夢想賦予他前行的力量，感恩夥伴們對他的信任與支持。

國家圖書館出版品預行編目資料

中國智造 / 共青團中央網路影視中心, 中國青年網編著. -- 1版. --
新北市：黃山國際出版社有限公司, 2022.01
　　面；　　公分. - -（Classic文庫；16）
ISBN 978-986-397-130-6（平裝）

1.科學技術　2.人物志　3.通俗作品　4.中國

400　　　　　　　　　　　　　　　　110017508

Classic 文庫　016

中國智造

編　　著　共青團中央網路影視中心　中國青年網
印　　刷　百通科技股份有限公司
　　　　　電話：02-86926066　傳眞：02-86926016
出　　版　黃山國際出版社有限公司
　　　　　220 新北市板橋區縣民大道 3 段 93 巷 30 弄 25 號 1 樓
　　　　　電話：02-32343788　傳眞：02-22234544
E - m a i l　pftwsdom@ms7.hinet.net
總 經 銷　貿騰發賣股份有限公司
　　　　　新北市 235 中和區立德街 136 號 6 樓
　　　　　電話：02-82275988　傳眞：02-82275989
　　　　　網址：www.namode.com
版　　次　2022 年 1 月 1 版
特　　價　新台幣 660 元　　（缺頁或破損的書，請寄回更換）

ISBN：978-986-397-130-6

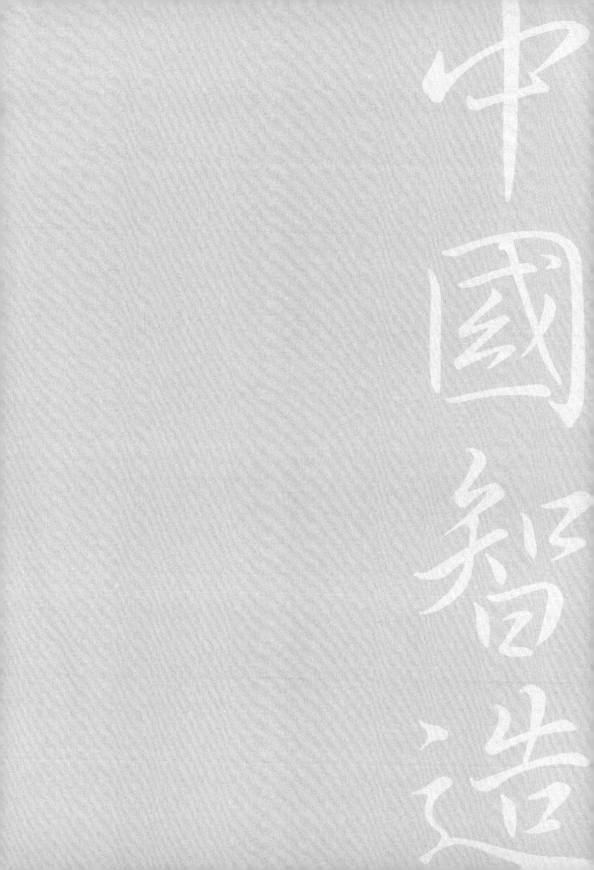